栖西建筑

绿色环境共生实践

胡兴华　著

中国建筑工业出版社

序 一

栖居，是人与自然和谐共处的生活状态。人类对栖居的渴望，是印刻在基因里的。从远古的洞穴到现代都市的楼宇，建筑始终是庇护生命的"容器"。胡兴华深耕建筑多年，一直在寻找建筑庇护与精神原乡的重叠点。栖建筑的作品，正是基于这样一种思考：当技术突飞猛进，当空间沦为效率的工具，我们是否仍能为栖居保留一份诗意的可能？

栖居的本质是人与自然的融合。设计根植于特定地域的自然条件，建筑不应该是对场地的征服，而是与环境共生，是对场所精神的回应。每一块土地都有其独特性——风的轨迹、光的温度、草木的私语，以及在此生息的人群共同编织的记忆经纬。建筑师的使命，是让建筑成为大地谦逊的对话者，编织出人与自然的和谐状态。在栖建筑的实例中，华汇科研设计中心层叠的垂直绿化不仅让每个楼层的窗外都有绿植相伴，更成为鸟的栖息地；西安广联达数字建筑研究中心生态庭院肆意生长的绿植让空间绿意盎然，意外成为西安市的科普基地；新昌建设技术服务中心错动的屋顶像穿梭于山岭的登山步道，丰富了活动体验，也成为周边社区的活动场地；一系列栖建筑的实践重构了人与场地之间柔软、微妙的关系。

当我们谈论栖建筑，就是在探讨环境重构的可能。胡兴华用作品提醒着我们环境与人文可以和谐共生。社会的进步不在于颠覆所有传统，而在于让旧时的月光依然能照亮现代的窗棂，这或许就是栖建筑的初心——在每一处屋檐下，都藏着一首未完的栖居之诗。栖建筑所追求的，是在环境秩序中嵌入人文的温度：把百年老建筑活化成兰亭安麓度假酒店，粉墙黛瓦消隐在树林之间，成就樱花林下曲水流觞的休闲时光；东山大观度假酒店以江南院落为载体，临湖而建，再现东山雅集的清欢与安住于心的静谧；覆卮山东澄山庄则是乡间建筑的空间重构，混凝土的冷峻与木质的温润相互低语，梯田星空与虫鸣鸟叫相伴，体现了隐逸山林的悠闲。栖建筑坚持"人始终是空间主角"的笃定认知，强调环境的包容性——让建筑退后一步，邀请生活走上前来。

或许正如海德格尔所言："诗意地栖居，即是让存在如其所是"。当我们翻开这本作品集，不应只看见线条与模型，而应看见一位建筑师 30 年始终如一的坚守，听见建筑与场地、与人的私语。愿这些建筑成为种子，在未来生长出更多让人愿意称之为"家园"的绿洲。

2025 年 4 月 25 日

序 二

　　兴华是我多年前带过的硕士研究生，他把工作中的思考整理成《栖建筑　绿色环境共生实践》一书，并邀请我撰写序言，仔细阅读书稿后，对其毕业后的工作有了系统性的了解，他能在实践中坚持不断学习、总结的敬业精神值得赞扬，所付出的努力与取得的成绩令我欣慰。

　　建筑领域的绿色转型不仅需要技术创新，更需要思维范式的革新。本书的价值在于其"知行合一"的实践精神。书中剖析的案例有华汇科研设计中心立面编织的垂直绿化，有西安广联达数字建筑研究中心构建的城市"绿肺"，也有新昌建设技术服务中心悬浮于场地的内向花园。这些案例不仅展示了绿色技术的创新应用，更难能可贵的是设计背后的逻辑思维。书中对不同气候条件、地域特点的建筑解析，体现出对"环境共生"内涵的多维诠释。兴华也并未将研究局限于绿色建筑技术，而是将认知与实践延伸至文化与社会价值层面，列举的案例中还有兰亭安麓度假酒店的老建筑活化利用，东山大观度假酒店江南小院中东山雅集的再现，覆厄山东澄山庄乡间农房改造成温暖的家，这些案例不仅体现了建筑融入环境的思想，更突出了对人的尊重，将视角投向"栖居"的本质——建筑如何成为连接人与自然的纽带，而非割裂二者的屏障。书中提出的"绿色环境共生"理念，既非对技术的盲目崇拜，亦非对自然的浪漫想象，而是以系统思维重构建筑的逻辑：从自然采光与通风、从材料选择、能源循环利用到空间设计，从场所营造到城市更新，每一环节皆以"共生"为锚点，探索建筑与环境，乃至人与自然协同的可能路径。

《栖建筑　绿色环境共生实践》一书以创新的逻辑解析充满人文温度的设计实践，体现了兴华作为建筑师的学术自觉与社会担当。谨以此序，希望兴华能在工作中进一步提升和完善研究理论，为构建美好生活做出更多的贡献。

徐雷

2025 年 4 月 12 日

前　言

生活在这个世界中，何以安放自我？是独处一隅，享受岁月静好，还是在天地之间，体味大自然的四季更迭？《栖建筑 绿色环境共生实践》中的栖建筑是指宜居的建筑，其内在就是绿色环境共生建筑。

栖建筑不是建筑理论，也不是风格流派，而是重构建筑的设计策略。当玻璃幕墙割裂了季风走向，当混凝土森林遮蔽了星辰轨迹，在办公空间里植入雨林的呼吸韵律，在度假居所中复刻山峦的生长肌理，让每个生活场景都成为人与环境的和弦，这或许就是栖建筑的生活态度。本书以笔者近十年来实践为基底，聚焦绿色办公建筑与度假酒店建筑两大看似迥异却本质相通的建筑类型。前者服务于工作的人群，是提升效率的场所，是都市人的"栖处"，在钢筋铁骨中培育生态绿洲；后者服务于休假的人群，是放松身心的场所，是旅行者的"栖地"，将建筑化作自然延伸的载体。二者共同指向栖建筑的核心：空间不应是隔绝自然的容器，而应成为连接生命网络的接口。

"栖处"策略打破场地限制的困局，通过生物气候学设计重塑微环境。华汇科研设计中心在塔楼立面编织垂直绿化，让鲜花绽放在每个楼层；西安广联达数字建筑研究中心用绿化中庭构建城市绿肺，让清新的空气弥漫每个办公区；新昌建设技术服务中心借连续层叠的屋顶绿化搭建内向的花园，让悬浮于基地上的理想城再现。这些实践证明，建筑完全能超越物理边界，在有限场地内生长出适宜居住的绿色建筑。

"栖地"智慧则在于对场所基因的解码。兰亭安麓度假酒店将百年木构建筑移植在盛开樱花的山谷，给现代都市人编织了世外桃源般梦境；东山大观度假酒店用江南小院搭建安顿精神的场所，寻找寄情山水的浪漫情怀；覆卮山东澄山庄引入自然景观的空间重构，营造精致而温暖的家，呈现隐逸山林的悠闲。这些设计不是简单的形式模仿，而是通过现代技术植入土地记忆，让建筑成为环境故事的续写者。

本书的创作源于对"绿色环境共生"这一概念的思考。通过实践案例，揭示栖建筑的逻辑：空间是生态调节器，建筑是环境传感器。笔者无意构建理论体系，而是提供可拆解的设计包——从遮阳构件到立体绿化的转变，从被动建筑到城市绿肺的演绎；从城市容积效能到城市绿洲的创新；从地域环境解读到独特文化体验的场所转译，从雅致安心的酒店客房到文化精神坐标，从郊野的山居生活到温暖归家的营造，每个案例都在诉说：真正的栖居，始于对自然法则的敬畏，终于对生命本真的回归。

当"碳达峰"演变为公共议题，建筑，这一承载人类文明最厚重的物质载体，正站在时代转折的十字路口。栖建筑提供的不仅是技术解决方案，更是重构生态美学的可能。当办公空间学会光合作用，当度假客房懂得季相更迭，建筑便超越了庇护功能，成为治愈环境的活性细胞。这或许就是我们给未来最珍贵的栖居智慧——让建筑都成为人与自然和解的契约。而本书记录的每个实践，都是笔者对绿色环境共生的思考。谨以这些粗浅的认知，献给所有致力于重塑建筑空间的探索者。

目　录

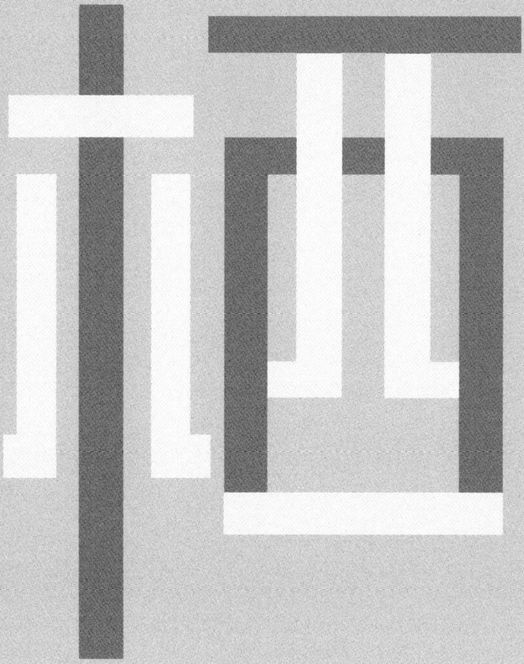
栖

绪　论

　　诗意的栖居一直以来都是人类追求的梦想，栖建筑不是建筑理论，也不是建筑风格，而是对建筑的基本态度，是建筑的设计策略，也是对复杂环境的理性思考，其内在就是环境共生建筑。

环境共生

　　"共生"（Mutualism）一词源于生物科学，《现代汉语词典》中释义是两种不同的生物生活在一起，相依生存，对彼此都有利，这种生活方式叫共生（共栖）。生物之间普遍存在共生，两种生物共同生活，相互依靠，提供给对方有利于生存的帮助，同时也获得对方的帮助。共生生物出于本能选择对自身最有利的生存方式，这也是物种自然选择的结果。共生有多种形式，根据共生生物的相互关系，生物学家将共生分为内共生（Endosymbiotes）和外共生（Ectosymbiotes）。内共生是指一种生物长在另一种生物体内，外共生是指一种生物长在另一种生物之外。科学家认为地球就是巨大的共生有机体，人类当然也是共生生物，共生是人类的本质属性，人类社会就是共生现象。共生思想在中国可以追溯到《易传》："人与天地合其德，与日月合其明，与四时合其序，与鬼神合其凶吉。"[1] 但本书所论述的显然不是生物属性或是社会意义的共生。

　　"环境"（Environment）一词在《现代汉语词典》中释义是指周围的地方、情况和条件，包括空气、水、土地、动植物等物质的自然因素，也包括习俗、文化、观念、制度等非物质的社会因素。环境问题是当前社会的主要问题之一。工业革命后，高速发展的工业在改善人类社会物质生活的同时，也导致了人类赖以生存的环境的恶化，出现了诸如温室效应、厄尔尼诺现象、气候异常、资源枯竭等环境问题。随着全球气候变化的日益加剧、生态环境的持续恶化，越来越突显

---

[1]　西安建筑科技大学绿色建筑研究中心 . 绿色建筑 [M]. 北京：中国计划出版社，1999.

的生态问题时不时在提醒人类：需要与自然生态建立起和谐共生关系。因此"环境共生"（Environmental Symbiosis）概念得以提出，指人类活动与自然生态系统之间形成的动态平衡，以实现人与自然互利共存的可持续发展模式。

栖建筑

面对突出的环境问题，环境日益受到社会的关注，蕾切尔·卡逊（Rachel Carson）的《寂静的春天》（Slient Spring）和伊恩·伦诺克斯·麦克哈格（Ian Lennox McHarg）的《设计结合自然》（Design with Nature）两本书中均提出人类社会要关注自然、敬畏自然。人类社会也在不断检讨过往的建筑观。古人言"鸟择良木而栖"，栖建筑是指人与环境和谐融合、健康、舒适、宜居的建筑；充分利用气候条件、阳光、空气、风和水等自然环境因素，减少资源的消耗，降低环境负荷并可持续发展的建筑。

改造与融入是人类与自然环境共生的两种有机形式，本书借用生物学科的概念把改造自身内环境与适应并融入外环境分别命名为环境内共生和环境外共生，并提出了"栖处——环境内共生建筑"与"栖地——环境外共生建筑"两个概念。"栖处"打破场地限制的困局，通过生物气候学设计重塑微环境，建筑对场地和外部环境没有前置条件，而是通过改造自身来创造舒适的工作居住环境。栖处建筑强调建筑空间布局合理、尺度适宜，并搭配宜人的景观植物，采光通风良好，能对气候变化产生良好的应对。栖地建筑则强调对场所基因的解码与借势；建筑对场地环境有前置要求，多会选址在自然和人文环境优越的地方；建筑根植于场地并放大环境优势；建筑和自然环境有机结合，并能很好地与地域文化融合，创造出舒适宜居的建筑空间。

栖建筑的特点

亚伯拉罕·哈罗德·马斯洛（Abraham Harold Maslow）在《人类动机理论》（A Theory of Human Motivation）中将人类的基本需求归纳为生理、安全、情感与归属、尊重和自我实现五个需求层次。[①] 笔者认为对建筑而言，着重体现的是三个方面：①建筑要选择适宜的环境和提供充分的安全感；②能有与人友好互动的空间环境；③能与环境友好相融。栖建筑的理想就是构建人和自然的和谐统一，核心是人，自然是基础。

人的生活与建筑空间都离不开环境，建筑与所处的环境更是紧密相依。栖建筑首先强调要选择适宜的环境和提供充分的安全感。自然资源是以阳光、空气、水、风、植物等形态出现的，是一切生物安身立命之本，利用好自然资源能激发出人对自然和生命的感知，也赋予建筑独特的品质感。建筑需选址在安全的区域，避免出现因发生地质灾害而影响人的生命健康与安全；也需尽可能远离空气、水和噪声污染的区域，避免污染对人体健康产生持续的不良影响。

栖建筑其次强调能有与人友好互动的空间环境。基于不同的地域环境，通过合理的空间规划、功能组织、资源配置，创造宜居的、能与人良好互动的建筑空间。除了视觉外，人体与环境的交互最主要途径的就是呼吸空气，聆听声音并通过辐射与环境进行热交换，环境的温度、湿度、风速、声音和空气含氧量都是直接影响体感的主要因素，因此改善建筑环境中的关联要素可以提升人在建筑环境中的舒适度。宜居的建筑环境，通常就是指环境中的空气、温度、风速和声音等

---

① 西安建筑科技大学绿色建筑研究中心.绿色建筑 [M].北京：中国计划出版社，1999.

要素所带来的令身体感到舒适的建筑环境。建筑是为人服务的，良好的空间环境能够给使用者提供舒适的空间感受，从而改善人们的生活与工作的品质。

栖建筑还强调能与环境友好相融。建筑依存于环境，同时也是自然资源的主要消耗源，对保护环境有不可推卸的责任，因此要追求建筑与自然融合，合理利用大自然的资源，减少对大自然的索取；倡导建筑绿色节能低碳，减少能源消耗以及对自然环境的不良影响。在建筑空间内部植入生态环境或者将建筑融入自然环境，对建筑进行适宜性设计，让建筑从资源消耗源转变为生态调节器，以实现人与环境的互利共生。

设计与实践

看似迥异的两大公共建筑类型——绿色办公建筑和度假酒店建筑，均体现出对人和环境的高关注度。

办公建筑是一定组织架构下协作完成生产目标的工作场所，随着工业革命和金融贸易的发展，办公建筑的公共性不断进化，最终使得其独立于工业生产并走向开放。办公建筑与工业生产和金融贸易的相关性，决定着其选址存在巨大的地域差异，可以是国际大都市中的 CBD，也可以是偏远的工业园区，只要有需求，不论场地多偏远，环境多恶劣都可能出现办公建筑。在满足办公基本功能的前提下，为员工提供安全和健康的工作环境是办公建筑的首要责任，心理学家认为环境能够激发人的情绪，良好的办公环境会促进工作效率的提高，因此改善办公环境，提高办公空间的环境品质，能够最大限度地发挥员工的工作潜能。本书将改善建筑内部环境，促进人的身心健康的建筑称为"栖处"建筑，绿色是其核心。由阳光、空气、水、植物等共同构成的绿色环境不仅能够调节建筑空间的温度、湿度、增加负离子浓度、降低噪声并提高空气中的含氧量等，影响人的身心健康。栖处建筑能营造出安静、舒适的高品质的室内环境，强化人对与空间的感知和体验，进而激发出人的工作潜能。

度假酒店的出现也是工业化快速发展的结果，19世纪欧洲城市环境问题日益加剧，开始出现以追求健康为目的的旅游度假酒店，借助温泉、山地气候、海滨等资源地，并逐步融合了旅游、健康、社交、休闲等功能。如今度假酒店建筑已然成为除住宅外最广泛的人居空间。不同于商务酒店，客人选择度假酒店就是希望能够换环境生活一段时间，没有工作压力，放慢节奏，放松心情，享受假期。因此，度假酒店需要一个舒适、安静的环境，让住酒店的客人感受到和谐与安宁。这就契合栖地建筑对外部环境有要求的特点。栖地建筑一般选址都在旅游目的地以及地域文化所在地，如海边、湖畔、岛屿、山谷、河岸等独特的风景地，通过建筑空间的变化，营造不同程度的私密环境，或置身生机盎然的庭院，或穿过绿意的花园，或透着自然美带来的宁静，借助自然环境的直观感知，让人的情绪得以舒缓和释放；或是独特的人文能让建筑形成卓越的气质，让客人产生别具一格的感受，进而沉醉其中，放松心情；优越的自然或人文环境是栖地建筑中不可或缺的部分。

无论是古代干阑式建筑，还是当代数字建筑，无论建筑施工工艺先进与否、建筑元素的丰富与否，都无法改变建筑空间为人服务的本质。栖处建筑和栖地建筑是构成栖建筑的两个类型。对建筑师来说，栖建筑设计与实践就是一次次重新定义并重塑环境的机会，不仅需遵循功能性、地域性、独特性等构成要素，还要体现环境友好，与赖以生存的环境共生，与大自然轮换的四季以及其中蕴含的诗意相融合。

　　回顾这些年的建筑设计与实践，面对新项目、新客户和新场地，团队始终保持对未知领域的热情，尝试回归到建筑最本质的使用需求上探讨建筑的创新设计策略，希望建筑能基于地域和场所特征，建立与环境共生的关系，并回应环境的诸多限制，又能表现出独特性的适度追求，将复杂多变的环境因素转化为良好的居住体验。栖建筑强调建筑要适宜居住，与环境友善，亲近自然、加强与自然的互相接触；强调日常生活与自然场景的融合，本书尝试记录这些实践与思考，并为环境共生的探索提供案例。

栖处 —— 环境内共生建筑

"栖处——环境内共生建筑",可以直观地理解为建筑 + 环境,环境依托建筑的存在而存在。建筑对场地没有前置条件,甚至可以营造独立的内部小环境。栖处建筑以办公建筑为例,通过对不同气候条件、场地条件、体量规模的建筑实践,立足自身创造更好的内部环境,解读栖处建筑的特点。

华汇科研设计中心

2012—2017 年

项目面积	39680 万 m²
项目地点	浙江绍兴
项目阶段	竣工
设计时间	2012 年
设计团队	胡兴华　祝丹红　李治跃　夏　军

华汇科研设计中心夜景

方案鸟瞰

作为设计方和使用方，华汇科研设计中心项目既承担着满足企业发展的空间诉求，也传递出设计机构对行业发展的认知和理解，其间充满纠结与反复的设计体验值得回味。大楼定位为科研与设计中心双重属性，因而承担了企业未来发展科技创新使命，同时作为设计生产部门，呼唤新型的工作空间模式，作为自用大楼成本控制是设计的先决条件。经过思考和权衡，确定设计理念为"简约""共享""绿色"。"简约"即回归建筑的本质，去除多余繁复，旨在简而精；"共享"即创造建筑创意孵化器，促进人与人、人与自然的交流，旨在创新与突破；"绿色"即体现于高效、节能、舒适的办公场所，旨在人文与健康。

方案透视 1

方案透视 2

方案透视 3

1.1 设计策略

面对生存环境不断敲响的警钟，建筑师承担着建筑与环境可持续发展的重要责任。建筑与环境休戚相关，建筑营造应兼顾社会、环境和经济效益等因素。设计之初的挑战在于通过一座新建筑的建造，既能承载企业的文化，让企业焕发新的活力，给员工以自豪感；又能面向未来，体现"创新、节能、生态"的理念，营建富有创造力的有机体。

在此背景下，华汇科研设计中心设计思想应运而生。以绿色和人文观为视角的建筑思考贯穿于项目"规划、设计、建造、运营"实践的全过程。通过创新设计，在适量增加投资的前提下，实现国家级绿色建筑示范工程和中国绿色运行三星级建筑的目标，对推广绿色建筑理念具有特别的意义。

入口透视

1.2 气候、场地与室外环境

1. 城市设计

项目选址于绍兴市的"城市绿心"镜湖新区，从城市的角度来看，如何与梅山江近 200m 宽的江面和沿江城市绿化带的景观要素结合，如何迎合城市南北中轴线的解放大道并形成有机的关系，是设计之初重点考虑的要素。设计希望成为"看与被看"的窗口，即建筑成为观景的最佳场所，同时也成为江边一景。因此，建筑表皮的垂直绿化策略既是为室内空间而做，更是柔化自然的界面，使建筑和城市滨水环境融为一体；同时，结合建筑东侧的休闲平台，用于饱览梅山江秀美的景观。

华汇集团作为绿色生活的倡导者和践行者，基地选址就考虑了公共交通的便利性，基地周边 100m 内设有公交车站和地铁站点；而场地内配置的充电车位和城市公共自行车点，为员工采用绿色交通方式创造了有利条件，绿色出行成为员工的风尚。

2. 气候条件

绿色建筑的根本内涵在于其与土地和自然的深刻联系。绍兴市地处亚热带季风气候区，按建筑节能的地域划分，属于"夏热冬冷"地区，需满足夏季防热要求，适当兼顾冬季保温。建筑总体布局对项目节能、节地有决定性影响，通过场地分析，舒适办公环境的营造需把握场地特征和周边环境条件，裙房沿解放路展开布置，充分利用东面梅山江的滨河景观资源。主楼偏北布置，水平叠加的正方形体量紧凑而鲜明，使其在环境中获得独特的标识性，也减少了对相邻地块的日照影响。

绍兴市地处夏热冬冷地区，全年相对湿度较高，夏季太阳辐射较强，因此自然通风和有效遮阳是气候适应性设计的重点。建筑的朝向为南偏东 5°，迎合夏季东、东南向风，形成良好的自然通风效果。建筑的体形系数为 0.2，相对热损失最少，冬季热量损失也减少。此外，建筑主楼长宽比为 1：1，夏季的得热率也最小，从而符合夏热冬冷地区的气候得热原则。

空中露台透视

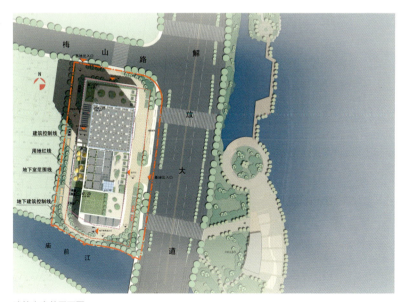

建筑方案总平面图

1.3 人性化的共享空间

　　设计工作依赖于团队协作，交流与理念的共享能够激发更多的创造力。共享空间能创造出更多交流的可能，具备弹性生长的特质并与建筑空间有机共生，可以提升空间的可变性和利用率，从而适应建筑多元化的使用需求。基于此，在有限的建筑面积下，压缩管理团队的办公面积，把碎片化的空间整合成无处不在的共享交流空间，着重营造了城市客厅、屋顶花园、景观露台、咖啡吧、灵动空间、汇空间等非常规功能的共享环境。

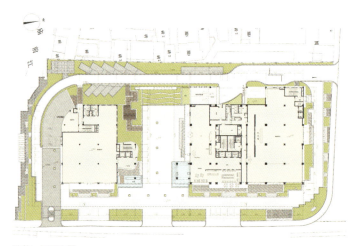

建筑一层平面图

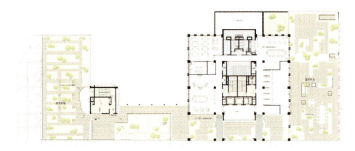

建筑四层平面图

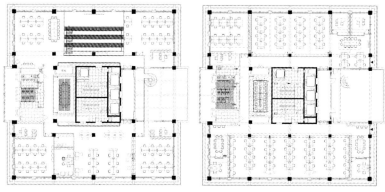

五层平面图 标准层平面图

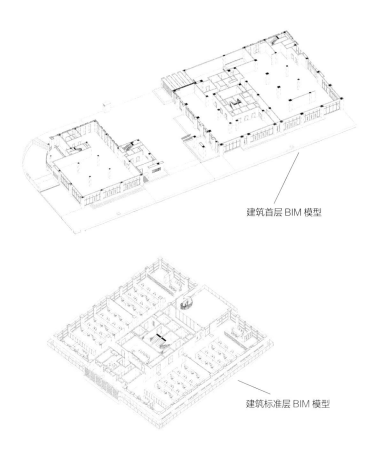

建筑首层 BIM 模型

建筑标准层 BIM 模型

建筑东立面图

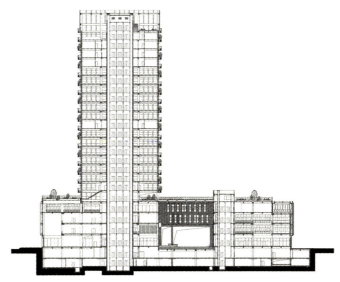

建筑剖面图

标准层工作区效果图 1

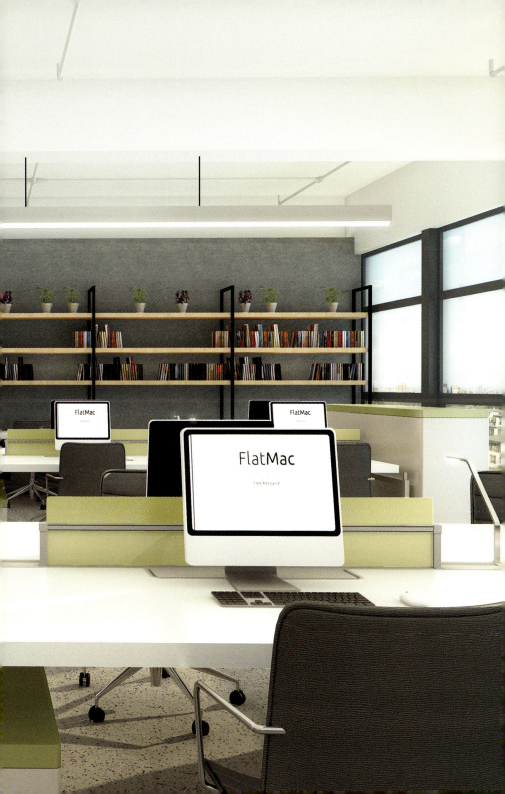

城市客厅景观平面

城市客厅入口效果

城市客厅景观鸟瞰效果

1. 社会性——城市客厅

城市客厅是建筑的入口空间，由主楼、南侧裙房及连廊所围合的半室外广场。场地中设有座椅设施，结合静水涌泉与植物种植，面向城市开放。城市客厅模糊了城市与建筑的边界，除了访客的停留、临时展览和企业小规模运动会，还承办过政府赛亮点展活动，也意外成为周边居民广场舞的场所。

城市客厅入口实景

城市客厅实景

2. 人性化——人文场所

设计师需要有更多的交流以增加默契，形成更加高效的工作协同。华汇科研设计中心纳入的人性化场所不仅是工作空间，更是激活思想的媒介，营造沟通与学习的氛围，并期许能进射出创意火花。"汇空间"是大楼利用率最高的空间，是发布会、非正式沙龙的场所。"灵动空间"设有开放式的办公区，用于临时办公。办公桌之间用低矮的储物柜和绿色植物虚拟隔开。部门共享的会议室是为小型会议和方案讨论提供的开放平台。"汇舍展厅"结合员工餐厅的等候区，兼作企业文化展示；休憩空间如咖啡茶座、图书阅览以及配有热水淋浴的健身区都是工作之余必不可少的，彰显着企业的人性化关怀。

建筑汇空间效果 1

3. 亲自然性——自然模块

绿色办公强调的不仅是建筑的节能高效，更是行为模式的改变，强调人与自然的亲近与共享，能够亲身享受到风光雨露。主楼东面每两层嵌入的通高景观露台既是设计空间的衍生，用于休憩、茶歇、交流，是设计师小憩的空间，也是面向梅山江自然景色的观景平台。

建筑汇空间效果 2

建筑汇空间效果 3

大堂咖啡吧 1

灵动空间 1

工作区茶水吧效果

灵动空间 2

工作交流区效果

标准层工作区效果图 2

建筑汇空间实景 1

建筑汇空间实景 2

大堂咖啡吧 2

建筑师绘制墙绘

办公空间

屋顶健身区 1

屋顶健身区 2

建筑空中露台实景

垂直绿化 1

4. 公众参与——格子菜田

裙房屋顶设置微农场，格子菜田每个 0.6m×0.6m，物业鼓励员工按格认领种植有机蔬菜，并带上亲朋好友耕耘菜田，蔬菜种子源于绍兴农科所，并坚持使用有机肥料。格子菜田四季轮种，生机勃勃，平日为员工食堂提供无害蔬菜，周末成为小朋友亲近自然的乐园。

1.4 建筑的气候边界

1. 感官与微气候——立体绿化界面

为改善微气候环境，绿化界面由场地景观、种植屋面、垂直绿化三个层次构成立体绿色生态界面。露天的旱地喷雾连同光伏遮阳构架再配以绿色景墙，有效降低了"城市客厅"的温度，创造出宜人的场所。

裙房屋面是一系列能眺望梅山江的动感小花园和微农场，衍生出设计师的活动空间。塔楼层叠遮阳挑板上设有的垂直绿化，选用耐旱和维护成本低的多年生缠绕型植物，让每一个窗台都绿意盎然。植物配置与选型以本地树种为主，做到常绿和落叶相结合，乔木、灌木、花卉和地被相结合。植物的多样性能提高植物净化空气、减少太阳辐射的能力。

2. 形态与功能——复合表皮界面

在造型新颖与简约的纠结中，设计团队最终决定以绿建原则为切入点追求环境融合，似赖特有机建筑理论的自然生长。建筑造型源于对遮阳、通风、降噪和垂直绿化等环境要素的应对。层叠的横向条板构成建筑主楼外立面的基本元素。通过太阳高度角和方位角计算横向条板的出挑尺寸，减少夏季太阳辐射，并增加冬季的太阳得热量；横向条板同时具有反射噪声的作用，减少城市交通噪声对室内环境的影响；此外，结合垂直绿化的花池，横向的条板让建筑被自然的绿意环绕。

建筑形象的灵感起意于檐，源于《诗经·小雅·斯干》中"如鸟斯革，如翚斯飞"。横向线条的韵律强化了建筑硬朗的个性，两端切出斜角，消解体量，使建筑轻盈，具有动势。裙房采用竖向结合水平向的综合遮阳，沿城市界面柔和的曲线保证东侧面向梅山江最佳的景观视线。西面是夏季日照最强烈的面，设计因势将卫生间和设备用房等辅助用房布置在西侧，西立面呈现出围护严密的形态和深凹窗，窗外侧设计了攀爬植物作为遮阳材料，最大限度地减小西晒所导致的热辐射。

屋顶农场格子菜田

3. 通风与视线——被动式窗墙系统

可持续建筑的首要策略是在满足舒适度的前提下，尽可能减少建筑对设备的依赖，充分利用自然通风、采光和低能耗的外围护结构。

设计师工场人员密集，多采用开敞办公空间，办公区为避免临窗位置的眩光，大多挂着厚厚的遮光窗帘，致使白天灯火通明、能耗巨大。华汇科研设计中心东、南、北三个立面均采用水平通窗，为室内争取最大限度的自然采光、通风和景观面。为解决采光、遮阳和通风的矛盾，设计创新了外墙窗系统，该系统分为上、中、下三段。上窗设有水平遮光板，将柔和的光线漫反射到房间深处，增加室内自然光分布的均匀度；中窗为全景式大窗，让城市景观更清晰，夏季窗内侧遮光帘可以有效减少热辐射；下窗为低位中悬窗，使自然风可以带着花香穿过设计师工位，给室内营造怡人的工作环境，在改善室内热舒适性的同时，可以提高室内环境的健康特性。

屋顶绿化

1.5　高效节能的技术措施

1. 能源

　　建筑采用太阳能光电一体化设计，主楼屋顶采用多晶硅光伏组件，光电容量为 81900W；裙房城市客厅顶部采用碲化镉薄膜式发电板，光电容量为 41088W，系统年均发电量约为 11.82 万 kWh，大楼年用电量为 199.39 万 kWh，光伏系统所占发电量占建筑全年用电量的 5.92%，每年可以减少碳排放 100t。主楼和裙房顶分别设有光热系统，集热器面积约为 140m^2，为健身房浴室、餐厅提供热水，年节约标煤 18t。

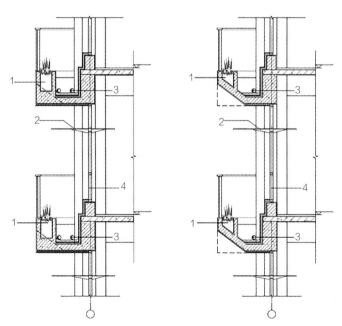

立体绿化构造做法
1—50cm 厚种植花池；2—遮阳反光板；3—梁内预埋 ϕ100mm 镀锌钢管过水孔；4—低位中悬窗

垂直绿化 2

垂直绿化 3

空调系统采用河水源热泵与水蓄能相结合体系，冷热源系统采用2台满液式水源螺杆机组和1台满液式热感热回收机组。大楼设置新风控制系统，新风系统与室内二氧化碳浓度监测联动，当室内回风总管污染物浓度过高或低于设定值时，自动全新风模式运行或混风模式运行，以保障室内空气品质。

照明设计广泛运用日光照明、高效率照明灯具及感应灯、工作灯。地下室和裙房屋面采用太阳能光导管技术，将阳光引入到室内以减少人工照明。大楼采用4部无齿轮曳引机能源再生电梯，与传统有齿轮电梯相比，可节能50%左右。

2. 水资源

通过收集屋面雨水及场地道路的降雨排水，实现非传统水源的利用。雨水收集池容积为70m³，年收集雨水约8874.5t，雨水经收集净化后用于补充景观水、绿化灌溉、车辆冲洗、道路喷洒。景观灌溉系统采用喷灌、滴灌相结合的节水灌溉方式。室外绿地采用喷灌系统，垂直绿化采用滴灌系统，依靠隐藏其中的输送养料和水分的生命线滋润土壤，通过干管、支管和毛管上的滴头在低压下向土壤经常缓慢地滴水，使得植物主要根区的土壤保持最优含水状态。

3. 效率与循环

基于绿色建筑全生命周期的时间观，通过BIM技术整体集成和优化，实现对项目设计、建造和运营管理的有效管控，对建设项目生命周期总成本、能源消耗、环境影响等进行有效分析、预测和控制。

从结构和材料的视角，项目地下空间采用空心楼盖技术。与实心大板相比，采用箱体空心楼盖可减轻楼盖自重35%~55%，从而减少梁、柱、基础尺寸和钢筋用量；增加了建筑净空，地下室可少开挖约0.4m厚的土方，经济效益明显。

从能耗监管和使用的视角，建筑配置完善的智能监测系统，对建筑合理用能、减少运行成本起到重要作用。节能监控系统监测建筑能源消耗，统

BIM 模型

华汇科研设计中心鸟瞰 1

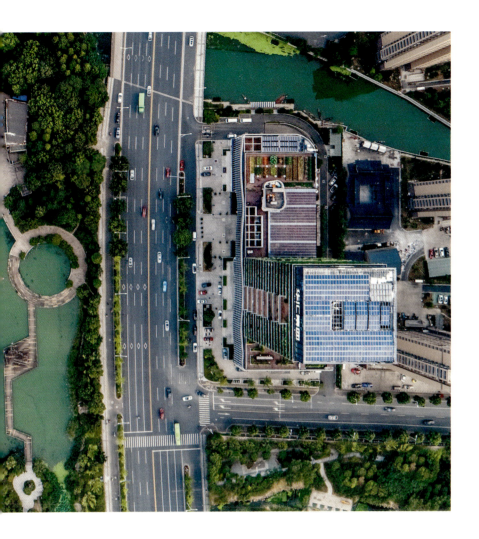

华汇科研设计中心鸟瞰 2

华汇科研设计中心夜景鸟瞰

沿解放路立面

计、分析用能分布，对机电设备进行自动化控制，集中监视环境参数，方便设备操作与维修，减少管理和维护成本，达到提高舒适度、节约能源、提高管理效率的目的。基于大楼各项节能措施，整座大楼在运行阶段的实测能耗数据统计可知，建筑全年采暖能耗为 48.51kWh/m^2，全年空调能耗为 23.05kWh/m^2，全年总能耗为 71.56kWh/m^2，相较于公共建筑节能标准，全年的节能率可达 52.79%，其中可再生能源的水源热泵系统提供 75.41% 的能源，光伏发电系统提供 4.42% 的能源。

华汇科研设计中心鸟瞰 3

1.6　从绿色建筑到健康建筑

项目立项于 2013 年，设计之初以"简约""共享""绿色"为核心理念，在环境、功能、造价背景下选择适宜技术的系统集成，在达到同样目标的前提下，低造价与低技术是首选。随着项目的持续推进，设计团队意识到真正的绿色建筑不仅应以节能舒适为前提，还应以它的服务对象——使用者为核心出发点，为企业的员工创造出健康、人文的工作环境。项目落成后设计团队联合多家高校和研究机构，继续展开了关于促进健康性和人文性的办公空间模式探讨，并将结合使用后评价和社会参与再次修正、优化建筑设计，使建筑更贴近使用者，更加体现出人文关怀。项目的落成只是开端，以人为本的设计理念还在继续。

华汇科研设计中心临河透视

沿解放路透视

西安广联达数字建筑研究中心

2018—2022 年

项目面积 | 64750m^2
项目地点 | 陕西西安
项目阶段 | 竣工
设计时间 | 2018 年
设计团队 | 胡兴华　李治跃　潘建栋

西安广联达数字建筑研究中心中庭效果图

作为一家立足建筑行业的软件企业，广联达提出了"绿色建筑、共创美好生活"的理念，并于2018年发布《数字建筑白皮书》，希望能立足建筑行业为客户提供数字化解决方案及相关服务，以实现企业的数字化转型战略。基于这样的背景，2018年广联达集团筹建西安广联达数字建筑研究中心，旨在打造数字化集成管理示范项目。

西安广联达数字建筑研究中心为容纳广联达智慧建筑软件研发和测试中心、大数据平台、物联网系统集成中心和区域总部及建筑产业链上下游合作的企业。广联达集团希望项目致力于打造面向未来的办公建筑。如何响应广联达集团的期许，可以用三个关键词来定义：绿色低碳、智慧健康和数字建筑，而项目的设计、建造和运维也是围绕三个关键词展开的。

场地现状 1

场地现状 2

场地现状 3

场地与建筑的关系

2.1 设计构思

项目基地位于西安市经开区，现场存在三方面的不利因素：①场地南侧被西安交大机器人研究中心建筑遮挡，西面和北面被北三环城市高架遮挡，东侧明光路面宽 90m，展示面也不大；②场地周边高架巨大的交通流量给场地带来严重的噪声、灯光及空气污染；③场地北临工业区，城市环境与空气质量均不乐观。显然，场地环境与广联达"绿色建筑、共创美好生活"的定位存在巨大的落差。

设计是从对项目所在城市地域气候特征、场地环境和建筑需求的分析开始的。①如何才能有效减少场地环境对建筑的不利影响；②如何才能响应广联达集团对项目的期许，让建筑从局促的城市环境中凸显成地标；③如何才能切合绿色建筑、数字建筑理念，提升建筑环境的品质，创造美好生活。在对场地的条件和设计目标的思辨中，方案策略逐渐成形。

1. 建筑形态的思考

建筑形态除了要满足功能的需求，并有美学方面的思考，还需要解决两方面的问题：弱化环境的不利影响，凸显建筑的识别性。

设计对场地内可能的建筑形态、朝向进行了列举，通过对不同建筑体态受环境因素干扰情况的模拟分析、比对和筛选，摒弃了把建筑设计为 80m 高塔楼 + 裙房的造型模式，而是选择无裙房单栋 50m 高的建筑造型，集约化设计使建筑具有更低的体形系数和外表面积，有利于建筑保温隔热，降低建筑高度的同时有效降低了建筑受外部噪声干扰的高度角，以达到节能降噪的目的。

功能布局体现了被动设计的原则，西安属暖温带半湿润大陆性季风气候，四季分明，夏季炎热多雨，冬季寒冷少雨雪，春秋有连阴雨天气出现，全年盛行风向为东北风。设计把办公区域布置在场地南侧，将会议室、交通核等辅助用房布置在东西两翼，并在北侧围合成采光中庭，既满足了办公区和各功能空间的采光通风需求，又能达到冬季防风的效果，而两翼的功能用房与中庭空间共同形成声屏障，有效解决城市交通对办公区所带来的噪声干扰。

方案1南向利用更充分，同时体形系数更低，节能更佳

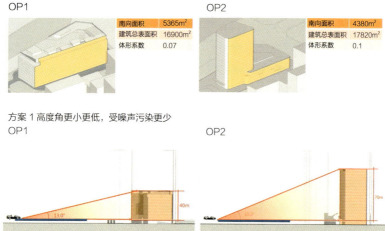

OP1

南向面积	5365m²
建筑总表面积	16900m²
体形系数	0.07

OP2

南向面积	4380m²
建筑总表面积	17820m²
体形系数	0.1

方案1高度角更小更低，受噪声污染更少

OP1

OP2

大楼的形态研究方案

办公标准层设计

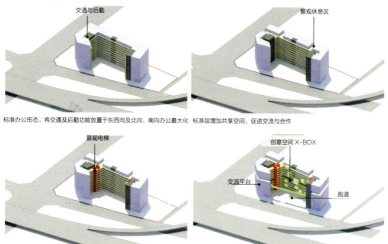

交通与后勤

景观休息区

景观电梯

创意空间 X-BOX

交流平台

跑道

标准办公形态，将交通及后勤功能放置于东西向及北向，南向办公最大化   标准层增加共享空间，促进交流与合作

垂直梯放置于中庭，作为景观电梯

设置创意空间 X-BOX、交流平台、运动跑道作为中庭活跃元素，交流最大化

大楼的功能布局方案

北三环与明光路交叉口透视

2. 建筑可识别性

可识别性对要成为公众示范的项目显得尤为重要。项目规划限高 80m，东面住宅高度为 100m，南侧办公楼也高 100m，北面的城市高架也有 10m 多高，要让建筑在都市丛林中找到自己的位置，并从城市空间中脱颖而出并不是容易的事。设计借鉴了中国古典园林小中见大的手法，建筑外表集约朴素，但内涵丰富。建筑面向北三环设计了一个巨大的立面橱窗，建筑师希望城市能够透过橱窗看见建筑中庭内丰富的空间与多层次的垂直绿化，广联达员工也能从室内眺望城市空间，橱窗可变换成广告墙，把北三环巨大的车流量转换成品牌宣传的流量。

建筑色彩是凸显建筑的有效策略。建筑高度集约，但其体量在城市中显得略小，我们想借助色彩的张力彰显建筑，同时又希望色彩有城市的属性，为此调研了两公里范围内所有的建筑颜色，通过多色系的颜色对比，选择了广联达的传统色系——棕红，颜色饱满富有张力；又能体现长安不夜城的红色印象，配合企业色渐变成建筑的主色调。设计对建筑外立面的建筑遮阳板进行了数字化编排以体现广联达互联网企业的特质，在周边灰白的建筑中显得气质不凡。

沿北三环立面

3. 生态中庭的创新设计

生态中庭的设计首先是能给办公场所与外部环境间形成物理隔离，同时能实现建筑环境的多样性。设计希望把零散的景观空间纳入到建筑中，整合成一个由建筑包裹的城市绿肺，为员工创造一片自然生长的绿意，阳光、空气和水是其主题，改善了建筑的微气候条件，宛如城市中的森林，以体现广联达所倡导的美好生活。

中庭面积近 1800m²，高度 50m，拥有完善的生态系统，庭院中树木繁茂、流水淙淙，可以近距离体验阳光、树林和瀑布给人带来的震撼，给人以身处自然之感。中庭的视觉焦点是高达 36m 的线性瀑布和穿行在树梢的林中步道，瀑布、雾喷和溪流构成的水系，既可以润湿干燥的空气，为中庭的植物营造适宜的生长环境，又可以增加中庭空间的灵动性。为了提高中庭空间的视觉效果，和植物学家深入探讨后，采用乔、灌、草结合的复层绿化和垂直绿化方案，以选择当地的物种为主以提高存活率，搭配不同种类、高度、颜色和季相变化的植物，多样的植物营造出丰富的自然氛围，让植物之间相互依存并自然更替；同时，采取智能控制系统实现室内温湿度调节，比如夏季通过顶部天窗和遮阳帘的开闭来实现对室温的调节，人员活动区域则通过空调系统局部调温等。

生态中庭及其中的咖啡吧、阅读吧、企业展厅、生活便利店都是向城市公众开放的，林中步道将几个楼层联系在一起，为员工们营造出自由交流的空间，走在其中能感受扑面而来的自然气息，可以细听轻巧欢愉的流水之声。空中环形跑道连接室内健身区、图书室等，旨在鼓励员工积极参与以调整其身心健康；每层设置的办公休憩区，让员工可以独立思考，也可以聚在一起发散思维。而暖色调木质箱形创意空间 X-BOX 是"协作"概念的体现，嵌入巨大的中庭空间，呈现出空间的现代性，既满足正式会议的需求，又可实现即时交流、头脑风暴，给员工带来真实的社区体验，这些都让生态中庭成为激发员工与环境互动，探索适合工作模式的绝佳空间。

建筑需要融入城市，给城市提供交流的空间，生态中庭的设置使得建筑不再是城市孤岛，而与城市的关系变得更加紧密。

西安印象

生态中庭效果 1

生态中庭效果 2

2.2 绿色低碳助力"双碳"目标

建筑行业是我国现代化产业的重要组成部分,在绿色经济、"双碳"目标等浪潮之下,在国家绿色转型等严峻问题的倒逼下,建筑业转型已经提升为国家发展战略。绿色低碳建筑符合国家和社会的发展要求。广联达集团早在 2011 年建设北京中关村二期总部大楼时就确定了绿色建筑的目标,西安广联达数字建筑研究中心更是提出了"绿色建筑、共创美好生活"的示范要求,为此确立了绿色低碳的主要技术路线:以高性能围护结构和建筑整体气密性提升建筑性能,以因地制宜的形态设计、遮阳、自然通风、自然采光等被动式技术手段降低建筑冷热负荷;同时,通过合理优化建筑用能系统,提升建筑整体能效,实现绿色低碳建筑目标。

1. 因地制宜的设计策略

方案初期通过不同建筑形体组合并比对分析,以获得体形系数较低且节能、对环境友好的建筑造型。造型设计和功能布置契合被动设计原则,建筑沿南向布置办公空间实现自然采光和通风,最终达到建筑夏季自然通风、冬季防风的效果。公共空间则围绕中庭设计,中庭采用电动排烟天窗以保证中庭的采光通风需求,并选用紫外线透过性能好的天窗超白玻璃,为植物的生长提供更接近自然的光环境。充足的阳光倾泻下来,郁郁葱葱的室内绿植能带来自然气息,高低搭配的绿植让中庭空间变成一个天然氧吧,设置在树间的步道鼓励员工在工作间隙去触摸自然。地下员工餐厅及厨房结合景观下沉庭院,开设自然采光天窗及光导管,将阳光引入到地下空间,尽量减少地下室的人工照明。

挑空共享空间　　　　　室内跑道 200m　　　　　挑空共享空间

金光绿庭

室内攀岩空间　研究研发中心 4000m²　　　休闲生活区

二层平面图

2. 围护结构

　　项目非透光围护结构采用的墙体保温材料为 75mm 厚的岩棉，外墙传热系数控制在 0.35W/（m²·K）以下，较现行节能标准提升 30%；屋顶保温材料为 125mm 厚的聚氨酯复合板，屋面传热系数控制在 0.25W/（m²·K）以下，较现行节能标准提升 45%。外窗的传热性能对寒冷地区冬季降低供暖需求有着重要意义，外窗传热性能控制在 1.8W/（m²·K），较现行节能标准提升 20%。

3. 建筑气密性

建筑气密性是绿色低碳建筑减少冬季冷风渗透和夏季空调供冷及通风能耗的重要途径。项目建筑体形集约紧凑，并通过采用单元式高气密性门窗和建筑整体气密性设计，有效保障了建筑气密性达到设计目标。

4. 被动式建筑设计

除采用高性能外窗和墙体外，自然通风、外遮阳和自然采光是减少空调负荷和照明能耗的有效途径，南向大窗户、中庭天窗冬天可以吸收阳光，强化自然采光与得热，夏季建筑外遮阳则能减少室内得热，并利用自然通风降低冷热负荷；中庭采用烟囱效应结合机械通风系统、大面积生态绿植等方式调节室内温湿度，营造舒适的室内环境。

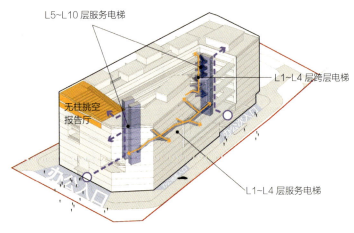

中庭交通组织示意图

5. 主动式技术

主动式技术是降低建筑整体能耗的有效途径，应用主要集中于提升用能系统整体能效，如高效照明、高效电梯和节能电器；配有热回收装置的机械通风系统全热回收效率达到 75%，屋顶天窗采用电动遮阳系统有效减少夏季中庭的阳光直射。

6. 可再生能源

可再生能源的应用主要集中于太阳能光伏利用、光热利用和空气源热泵系统。太阳能光伏设备布置在屋顶，铺设面积达 1000m²，年发电7300kWh；太阳能光热板为建筑提供所有的热水所需；采暖空调系统冷源采用离心式冷水机组，热源采用市政供热，地下一层设换热站，末端采用风机盘管 + 新风系统，均可独立控制。

生态中庭实景 1

生态中庭实景 2

7.雨水利用

场地设置雨水花园及生物滞留区，在过滤净化雨水的同时，丰富生物多样性。需要排放的雨水经过有植被的绿地涵养后再渗透到地下，或把雨水组织到雨水回收池。

8.生活方式提质策略

场地人行出入口处设有经开区政务服务中心公交站，地铁四号线凤城十二路。随处可见的自行车停车位、指示路牌都在鼓励绿色出行方式；项目设置机动车停车位 415 个，全部位于地下，其中充电桩车位 65 个，无障碍停车位 5 个；非机动车位 820 个，位于地下一层；还配有视频监控系统和地下车库管理系统等。

自然光和植物在中庭的实景

生态中庭实景 3

2.3 智慧健康，服务未来

西安广联达数字建筑研究中心作为一幢服务未来的数字建筑，通过数字化建造理念和手段实现了建筑绿色的共享化、建筑能源的自制化、建筑健康的服务化，以及建筑智能的感知化。并实现了工业级品质的数字建筑交付，从外观设计到使用功能以及能源供应方式等都在积极迎合现代化发展需求，成功落地为一幢集绿色、节能、健康、智能于一体的数字研发大楼。

1. 人性化关怀与健康工作方式

设计以满足员工需要、提高员工社交意愿为导向，创造现代和舒适的工作环境，一层中庭设有生态公园，使得员工更加亲近自然；二层以上分别设置有室外露台和活动场地；三层共享平台设置路演区；六层设置空中环形跑道和健身场所、孕期休息室和哺乳室、托儿所、四点半课堂和阅览室；屋顶设置有机农场；配置无障碍入口、电梯和卫生间等设施。办公区采用装配式灵活隔断，以适应未来不同的功能需求；工作位采用可调节高度的座椅和工作面；员工也不再被限定在固定工作位，在不断进化的办公空间中担当多种角色，除了私密讨论所需的空间，工作环境在视觉上更开放、更友好，方便员工以更适合的工作方式来完成工作。

2. 健康环境的实现

设置检测仪动态收集、分析室内温湿度、噪声、CO_2、$PM_{2.5}$、PM_{10}，以及空气中的氨、甲醛、苯、总挥发性有机物、氡等污染物浓度，实时接收浓度信号，并自动控制新风机设备启停，在满足室内舒适度的前提下最大限度地节省能源。新风系统中安装中效过滤器，有效过滤空气中的杂质；合理布置的室内机出风口，使室内气流组织满足热环境设计要求，为员工提供健康舒适的室内热环境和风环境。中庭中 36m 高的线性瀑布用以调节中庭空间的湿度，室内植物也将改善室内的含氧量，降低 CO_2 浓度；新风系统在过渡季节可调节新风量，实现全新风运行。

3. 楼宇智能管理系统

项目采用 EBI 楼宇智能管理系统，对楼宇全年用能进行分析并自动优化，可以让建筑更新其健康状态，自我管理、自愈和保护自身的安全，自我创造低能耗环境、社交距离监控、节能减排以及空间布局优化，从而使设施管理者降低成本。

项目中采用的人脸识别安全系统、室内精准定位系统、智能寻车导航、手机智能召唤电梯等智能化服务为员工高效办公与生活提供多种智慧解决方案，只需要通过手机 App 员工就可以进入云空间，方便预约使用大楼内的公共空间，满足员工办公、生活和社交需求。

建筑外立面围护结构

2.4 数字技术的应用

建筑行业面临的生产方式粗放、建设成本高、信息化水平低等问题日益突出，要想用科技创新驱动建筑业生产力，首先要从理念上进行转变。2016 年，广联达在建筑行业内首次提出"数字建筑"理念，引发全行业关注，历经几年探索与实践，数字建筑的内涵已被进一步深化。从设计、建造到运维的全生命周期，数字化的手段日趋贯穿建筑，随着 BIM、云计算、大数据、人工智能、物联网等数字技术的发展与应用，一场深刻的变革正在建筑行业内快速展开。

茶歇区

办公区

电梯前厅

设备机房

海绵城市示意 1 海绵城市示意 2

　　数字建筑不仅仅局限于设计阶段，而是要设计、建造和运维三方面联动，整合成一个团队，搭建一个模型并共享一个管理平台。一个数字建筑从设计到交付运营需要多方共同参与协作，因此对于项目组织和管理模式的创新也是数字建筑落地实践的关键。数字化集成交付（IPD）实现了项目组织流程和商业模式的集成变革，能够有效解决建筑业生产和组织割裂、效率低下的问题，是解决项目参与方争端和博弈的根本途径，代表建筑行业整体向精益化转型发展的方向，从而实现数字化转型驱动建筑行业高质量发展。

1. 一个团队

　　西安广联达数字建筑研究中心作为数字建筑的落地实践项目，充分展示了数字建筑的新特点，项目将广联达集团以往项目管理实践经验与数字建筑理念，以及 IPD 思想、精益建造方法相结合，聚焦现场，探索项目的管理模式、数字化技术应用和建造方法。基于以数字建筑理念为引领，广联达团队联合广晟精益管理、华汇集团伍维设计、瑞森新建筑形成项目 IPD 团队开展数字化解决方案的研究，加强参与方的沟通与协作，将"一个共同团队，一个项目计划，一套业务流程，一套作业标准，一套唯一数据，一套赋能平台"的六个统一的目标贯彻在西安项目全过程中，指导项目数字化集成交付新实践。

项目从设计、施工到管理运维需要多方共同参与，西安项目在组织管理模式方面有创新，弱化了传统甲乙方的工作机制，组成 IPD 团队。

　　所有的重大修改均须向决策委员会汇报，虽然项目远在西安，但广联达建立了线上周会协调制度，在签订协议后第一时间向华汇集团派了网络工程师来公司安装了思科视频系统，要求设计团队每周五参加工作例会；并不定期进行工作坊会议，邀请斯坦福大学教授培训精益建造理论和应用。工作

共享办公室

室内跑道

大楼开放区办公效果

走道洽谈区效果

会议厅效果

机制的建立本身就体现了数字化的特点，项目建设周期正好是新冠疫情的三年，工作的协同均基于广联达数字新建造平台来开展，协调工作可以说完全没有受到疫情的影响，而且团队间也没有相互推诿，都是为了共同的目标相互协商。历时三年，作为新型数字建筑高完成度示范标杆，也印证了组织管理模式的高效。首先组织架构的搭建就体现出不同。

开放区室内效果 1　　　　　　　办公讨论区室内效果

开放区室内效果 2　　　　　　　开放区室内效果 3

高端沙龙区室内效果

2. 一个模型

在数字建筑中，智能化技术的多场景应用已成为显著标志，尤其是 BIM 等关键技术的应用，通过建筑的可视化、数字化，帮助实现全过程、全要素、全参与方的数字化解构的过程。因此，西安广联达数字建筑研发中心项目竣工时交付物理实体建筑＋数字虚体建筑两个建筑。这两个建筑的实现都是基于 BIM 和数字孪生等技术为支撑的，BIM 该如何支持设计、施工、运维决策和实施，这才是问题的关键。

BIM 既是模型，也是过程，BIM 的价值归根结底在于其数据，如何运用这些数据进行分析和管理才是最重要的。最终，通过数据分析智能决策，实现项目的精细化管理，从而提高公司的效益。所以 BIM 不能仅仅停留在模型上，还要和现场应用相结合。不同阶段的 BIM 模型要求也会有不同的侧重，设计关注的是建筑系统的设计、能耗分析、设备及末端的选择、管线综合布线、管材和管件的使用、工程造价算量、图面清晰表达；施工方关注的是确认设计模型的可传递性、设备及末端的几何尺寸与定位、管线综合的深化设计、安装工序、支架的安装、设备的运输安装便利性、能清晰地指导施工和工厂预制；运维阶段 BIM 模型关注的是模型的准确性和参数化、管线综合的可实施性和真实性、运维参数的可传递性以及提高项目全生命周期的效率与收益。

广联达项目将 BIM 等技术有机融合应用到建筑工程规划、设计、采购、生产、建造、运维的项目全生命周期过程中。在设计过程中，建筑、结构和机电专业设计工程师可以在同一平台上建模，模型随时在云端调取，通过更新模型实时检查设计冲突，不必在设计结尾时再协调解决存在的问题，最终整合成一个工程模型，有利于各专业之间互相协调，能及时有效地解决设计过程中遇到的问题和冲突。通过利用"BIM＋项目管理＋物联网技术"，为施工企业提供岗位、项目、企业三个层级的 BIM 建造管理整体解决方案，拆分到工作面的设计图和工作模型，清晰明了工人的作业内容和管理团队的验收标准，为实现数字化施工提供了技术支撑。在建设过程中，利用数字化技术将模型细化到构件、排程分解到末位、工序工法标准化、现场信息化，

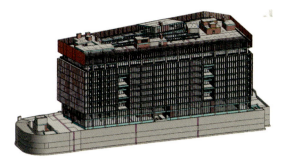

数字化技术在建筑中的运用 1

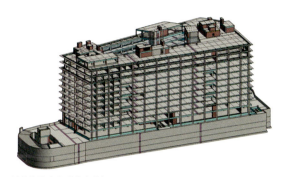

数字化技术在建筑中的运用 2

数字化技术在建筑中的运用——机电管线 BIM 模型

实景鸟瞰 1

将工程施工提升到工业制造的精细化水平，在建设中实现项目排程交付工序
21000 个，建立了 680 个工序标准，最终提高了项目的整体运营效率、管
理效率和生产效率。

3. 一个平台

　　传统建造模式下，设计、采购、制造、施工、运维等建设工程各环节之
间的标准不统一、数据不互通、业务体系不联动，造成生产效率低、资源浪
费严重。在此背景下，广联达以 BIM 为数据底座，通过数字新建造这一贯
穿工程建造全生命周期的一体化平台来发展工程建造数字化。BIM 技术有

助于项目中设计、采购、制造、施工、运维等各环节之间的业务交叉与数据融合，有助于实现工程建造整体的优化以及项目投资收益的最大化。

广联达为平台用户提供了各环节的工作软件以及最新的施工现场物联感知工具，提升了各岗位的工作效率；实践了塔式起重机智能监测、智能安全帽等智慧工地的智能化设施设备应用；同时将自动采集的现场项目数据实时汇总，通过三端一云形成对项目质量、进度和成本的协同管理；并将项目的工程信息和经营管理数据及时、准确、完整地呈现给项目管理团队，方便进行目标设定、过程管理、费用支付、资源支持和风险监控。在数字建

实景鸟瞰 2

筑平台赋能下，以数字孪生，实现基于融合工厂生产和现场施工的一体化的工业化建造，"数字生产线"实现智能化的生产调度、物流调度、施工调度等数据流动的自动化。在"物理生产线"上，通过数字工地与实体工地的数字孪生，实现对人员、机械、材料等各要素的实时感知、分析、决策和智能施工作业，实现"工厂和现场的一体化"。在后期运维中，通过数字虚体建筑可随时追溯建造过程中的各类信息和数据，为后期运维提供信息模型和数据支撑，保障建筑建成后健康、高效运行。比如设备设施故障排除时，通过数字虚体建筑对设计、施工等因素进行追溯分析，高效定位问题。借助数字虚体建筑实现建筑全生命周期信息的完整性和连续性，提高运维服务能力。

设计依托协同平台开展数字化集成设计，参与数字化精益建造和智能化现场管理，以实现高品质绿色建筑目标。数字化集成管理本身就是建筑行业的创新，西安广联达项目数字化技术的全过程运用不仅践行了广联达

沿北三环路夜景

室内中庭 1

咖啡厅

休息室

数字建筑的理念，也将为客户提供数字化解决方案及相关服务示范。

西安广联达数字建筑研究中心作为数字建筑的落地实践项目，充分展示了数字建筑的特点，项目将 IPD 模式、精益建造、BIM 技术相结合，探索项目交付的管理模式、建造方法和数字化技术应用，希望打造数字建筑的示范标杆，引领建筑行业数字化转型方向。

项目从外观设计到使用功能以及能源供应方式等都在积极迎合绿色办公建筑发展需求，是集绿色、健康、智能于一身的数字研发大楼。设计中我们从在地性的角度去思考建筑以及场地需要解决的问题。北三环巨大车流所带来的交通噪声是设计必须解决的问题，生态中庭作为和城市间的过渡空间有效地改善了办公空间的物理环境，同时面向城市界面的生态中庭犹如展示橱窗，向城市展示了广联达"绿色建筑、共创美好生活"的实践案例。

我们也尝试用数字化设计和施工团队一起打造数字建筑，实现建筑实体、生产要素、管理过程的全面数字化，实现工业级品质的数字建筑交付。西安广联达数字建筑研究中心正是承载着"绿色建筑，共创美好生活"希冀的实践，作为建筑师我们希望这是被使用者称赞的建筑，也希望它会成为一颗绿色健康的建筑种子，让更多的人了解。

空中跑道

空中健身区

室内中庭 2

共享办公区

办公区休息室 1

展示区

办公区休息室 2

建筑模型

走廊休息区

新昌建设技术服务中心

2018—2022 年

项目面积 | 33345m²
项目地点 | 浙江新昌
项目阶段 | 竣工
设计时间 | 2018 年
设计团队 | 胡兴华　李治跃　潘建栋　唐秋芳

方案鸟瞰 1

新昌秀美的山色

　　新昌位于浙江东部山区，因山色秀美而闻名，谢灵运、李白、杜甫等诗人接踵而至，开创了浙东唐诗之路，繁盛至今。

　　新昌建设技术服务中心基地位于新昌县七星街道侯村，东侧是安家兴小区，高 20m，南侧是翡翠公馆，高 53m，西侧是万丰大道和常台高速，北侧是变电所及高压塔。规划用地总面积 12146m²，因受周边环境限制，从商业价值上来判断属于相对消极的待开发土地，现状是杂草丛生的荒地，通过对场地的开发，政府希望为城市建造一个多功能混合使用，并相互激发活力的"积极建筑"；甚至是为新昌创造一张具有领先性和生态示范性的城市名片。

场地现状   场地现状变电所

场地区位图

3.1 场地困境与问题的提出

之所以说项目基地属于相对消极的待开发土地是因为受到两方面的影响：一是场地受外部环境条件的限制，场地西北侧是城市变电所，高压线纵横交错，甚至于还有一座高压塔立于场地的西北角；南面为翡翠公馆高层住宅，使得场地大部分处于日照阴影区；西侧并列了三条道路：万丰大道、104 国道和常台高速，巨大的交通流量给场地带来噪声。二是场地内新建筑可能对周边建筑的影响，不能减少东面安家兴小区的日照时间，地下室开挖也不能对周边小区产生不良影响。加上场地四周退让出安全距离后，能有效使用的面积并不多，各项不利因素叠加起来，却还需要尽可能地提高土地利用率，因此设计的首要任务就是平衡建筑容积率的最大化和环境限制的问题。

建筑设计是基于场地环境分析、需要解决问题的提出、设计目标的确立而开始的：①提高基地有效的容积率；②减少变电所和高压塔对建筑的视觉和心理影响；③减少西侧太阳对室内环境的影响；④减少西侧道路对场地的噪声影响；⑤创造良好的城市展示形象；⑥营造绿色生态示范。

3.2　策略应对与实现

1. 有效容积率与空间营造

通过日照分析确定场地的容积率受安家兴小区的日照条件限制，由于安家兴小区建造时间较早，建筑自身日照条件无法满足冬至日 3h 的日照规范要求，因此规划管理部门要求新建建筑不能减少其现有日照时间。建筑先根据规划的退界与消防要求和控高限制建立空间模型 1，通过日照反算形成了

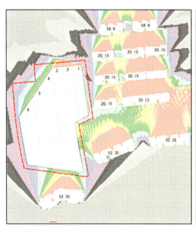

场地日照分析

方案鸟瞰 2

建筑功能分区

不对安家兴小区日照产生恶化影响的空间模型 2，模型 1 与模型 2 的交集切出空间模型 3，理论上模型 3 就是地块可建范围的最大空间，模型成台地状，自西向东逐层降低，靠近安家兴小区住宅附近最高可建 1 层，靠近万丰大道最高可以达到 6 层，因而就对这个场地的适建区域测算得出了建筑的有效容积率。

从土地利用率最大化的角度讲，我们可以把功能填满场地的适建区域。但这样的建筑进深过大，建筑采光和通风都存在问题，显然与我们的绿色建筑初衷相背。因此做适度的减法就显得非常有必要，在建筑中间设置了一个中庭空间，底层局部设置架空空间，屋顶也没有按日照斜面设计，而是以台阶状逐步抬升，形成了跌落的露台空间。架空空间和中庭空间的设置有效解决了建筑进深过大带来的一系列问题，向城市开放的中庭空间与屋顶花园也彰显空间的活力，为周边市民和办事人员创造出交流和休憩的场所。

2. 功能空间与场地融合

建筑设定的功能包括三个不同使用主体，分别是以建筑材料检验检测为主的建筑技术服务中心；作为基层政府组织办公和服务为主的七星街道办事处；以年轻人创业为主的众创平台空间。根据场地交通状况和现状环境，七星街道办公布置在基地的南侧，拥有良好的采光条件，能充分保证街道办公人员的健康使用需求，同时南侧可以形成独立的办公入口；建筑技术服务中心由于是以工程检测为主，办公人员较少，需要较多大进深、大面积的实验用房和室外堆场，通风和采光条件反而不是其关注因素，故将建筑技术服务中心设置于基地的北侧，利用北侧江滨大道作为运送检测样品的专用出入口，尽管距离城市变电所较近，恰好将基地退北侧高压线的场地作为检测中心的专属室外堆场用地，建筑技术服务中心实验用房也作为办公区和变电所之间的物理屏障；众创平台空间则布置在建筑的四到六层，远眺能看见新昌江和潜溪江，景观视线非常好，入口布置在万丰大道，东侧沿万丰大道出入口主要满足于七星街道对外办事窗口和众创办公人员的需要，同时也是本项目最重要的礼仪出入口。

中庭方案效果

中庭透视

如何让三种功能相互独立、互不干扰，又有机结合，是设计重点思考并解决的问题。建筑结合新昌江与潜溪江两江交汇的场地地域特点，利用架空空间将场地分为不同使用功能的三个体量。既满足了建筑功能设定的需求，同时也是对于基地位于两江交汇处重要特点的回应。建筑结合景观创造出场地的"七星"构图，借此引出项目所在地七星街道的由来。"七星"由三个相对独立的实体建筑和四个景观小品构成七个体量的布置，相互呼应。在场地和屋顶间构建一条步行栈道，同时串联起地面景观与屋顶绿化，进一步增加可达性与趣味性，构成整个项目的立体空间绿化，完美诠释"公园里"的设计理念。造型设计源于新昌的山水文化，建筑以山为意，结合叠落的形态设计垂直绿化，中庭设计线帘瀑布和景观水池，并特别设计一个游步道贯穿整个建筑，结合屋面的多功能利用，增加了建筑的丰富性。

我们希望结合使用功能创造一个向城市开放的空间，并相互激发活力的"积极建筑"。

沿变电所一侧透视图

3. 立面造型与地域文化

建筑外侧有几大不利因素：西侧快速路带来的噪声影响、北侧高压线带来的视觉污染、西面西晒以及东侧品质不高的安家兴安置房。基于环境我们需要将项目建成新的城市亮点。因此把项目定义为"内向的花园，悬浮于基地上的理想城"。

设计更强调建筑的内在逻辑与秩序，故沿建筑外围均采用开窗面积不大的竖向条形窗，而沿建筑中心庭院的内侧则采用的是较大面积的落地窗，可以欣赏较美的庭院景观。而对外在建筑造型上，我们选择采用简洁的现代建筑语言，建筑外墙采用高品质石材干挂及高品质铝板和玻璃，显示出建筑内在的不凡气质。从地域特色丹霞地貌吸取灵感。建筑色彩上选用赭红色铝板和灰白色石材来呼应新昌丹霞地貌的基本色，突出建筑对于地域文化的回应，灰白色石材自下而上按特定的模数由密到疏变化，赭红色铝板则自下而上由疏到密变化，两者互为互补，生动活泼又不失次序感，同时也是在视觉上对于丹霞地貌颜色变化的一种模拟，舒展而又连续，并形成从下至上具有由深色到浅色，由灰色变红色的渐变美感。在石材的拼接上又有竖向留缝和横向密拼两种手法，增加了近人尺度的精致细节感。主入口的一二层，采用了连续的玻璃幕墙，与上部的石材产生了明显的虚实对比，强化了入口的所在，强调了建筑的开放性和通透性，打破了立面的单调感。

建筑西侧受到城市道路噪声和西晒太阳的影响较大，最有效的办法就是减少开窗的面积，设计采用了竖向长窗的手法，既有效减少了采光面积，又改善了采光进深，给室内带来更好的采光效果。同时西侧窗采用可动遮阳百叶设计，夏季可以全部关闭遮阳百叶，减少太阳直射，其他季节可动百叶在窗一侧移动，成为竖向遮阳板，也能很好地改善采光环境，西立面窗户遮阳百叶的开闭变化使得建筑立面成为多样化的组合，呈现出不同的效果。将竖向的遮阳百叶运用参数化设计，错动布置，有的单层布置，有的跨层布置，有的跨层形成内凹的阳台，形成光影丰富、具有韵律的外墙肌理，形成一大亮点。同时，顶部和底部的深色格栅与浅色的百叶形成深浅对比，使百叶的

新昌穿岩十九峰

变化更加凸显。建筑立面由垂直的折叠遮阳组成，可以过滤来自不同角度的阳光和视线，有效规避西晒和北侧高压塔的视线污染，增加了立面的虚实变化和光影感，同时增添了些许亲切感，也化解了建筑体量带来的沉重与压抑感。

建筑的立面以肌理化、编织化的天姥山轮廓表皮包覆，使建筑犹如一个镂空的藏宝盒，朦胧而婉约，又抽象地对天姥山代表的新昌山水文化进行了现代诠释。

3.3　建筑功能的布局

建筑同时容纳三个不同的使用主体：①建筑技术服务中心，以工程检测、建筑材料检验为主，每天有大量的实验样品运输，因此把位于基地北侧的一二层，以及部分地下室让给检测中心，把建筑退让城市变电所的空地作为检验中心的堆场，货物入口设置在基地北侧，物料通过北面江滨路进出方

建筑立面可开启遮阳百叶

建筑立面

建筑鸟瞰实景

便，且避免建材与其他办公人流的交叉。②七星街道办事处以办公和服务为主，办事大厅位于基地南侧的一层，办公室位于南侧的二、三层，办公入口由场地南侧进入，而场地中庭则是七星街道的办事大厅与众创空间共享的前厅。③众创空间是以年轻人创业为主的平台，布置在四到六层，丰富的空间布局能够满足不同的协作模式，并配备智能化的基础设施，通过自然通风、绿色空中花园，改善办公的微环境，提升员工的身心健康。门厅设有咖啡吧，建筑三层配置公共食堂，便于共同使用。设计关注城市公共职能的管理者和公民空间之间的激发、引导、契合关系，由此获得身体与精神层面的愉悦感和被尊重感，激发城市的活力。

在当今的时代，我们要思考的是当我们可以在家里办公时，办公室的意义在哪里，对于办公空间，其核心就是围绕服务创建一个工作社区，因此，设计中强调的是空间对于使用者的激励作用、舒适感和灵感的迸发。办公空间要成为人与人交流的场所，需要创造一个多样化的工作环境。让团队愿意进驻，让员工引以为傲，因为他满足集中工作、创造性头脑风暴和工作社区的所有需求。

3.4　开放的城市空间

　　项目的城市界面并不友好，南面和东面被住宅区所包围，北面是城市变电所，建筑能向城市开放的界面就是万丰大道，而场地与万丰大道有 1m多的高差。如何体现城市公共属性，设计定义为内向的花园，悬浮于基地上的理想城。建筑不仅是功能性的，也是开放性的，不仅为办公人员提供健身休闲的场所，也向市民开放，可以登高望远，看得见水，望得见山。为了强化建筑的自然美，与新昌山水气质相融合，设计利用退界的城市空间，设计长达百米的林荫道，结合色叶的季相变化，形成优美的空间界面；主入口设计成穿越主楼的架空空间，层层跌落瀑布式水景为对景，声色俱佳，体现空间的层次与雅致；中庭内场地借鉴"七星"由三个相对独立的实体建筑和四个景观小品构成，七个体量相互呼应，丰富了场地空间；设计利用场地日照条件形成的空间退台与跌落，营造全覆盖的立体绿化，与内向的花园相契合。

建筑立面实景

建筑内庭透视

建筑屋顶登山步道

建筑立面形成的肌理

城市夜景

3.5　绿色健康建筑策略

设计始终坚持以创新、简约、绿色、健康、开放、共享为设计理念，并贯穿项目全过程。设计强调灵活性，注重绿色健康的办公环境。

（1）被动式技术的运用：为了最大限度地利用自然采光通风，因地制宜的外墙设计，建筑四周开窗，西立面开设细长窗，东立面开设大窗，创造舒适健康的工作环境。南侧翡翠公馆高度较高，与项目距离近，对项目有较大的视觉遮挡，故只有西立面是项目的主要展示面。以竖向装饰条包裹整个建筑，强调建筑的竖向挺拔、高耸和向上的气势，增加了建筑的视觉高度，同时又不失整体统一性。在窗户外边设置可动外遮阳，将固定模数的白灰色石材在立面上运用参数化设计，进行有机的重组，使之成为更加活泼，更具有韵律的外墙肌理。沿主要展示面凸出的绿色生态阳台是室内和室外的交汇点，在丰富建筑空间的基础上表达出建筑开放、外向的特质。

建筑多层次的绿化

建筑屋顶游走的路线

城市夜景鸟瞰

融入城市的建筑

（2）多层次的绿化：建筑多层次的绿化也是项目的亮点，不仅利用场地设置了绿地空间，种植了不同季相的乔灌木，设计还利用层层退台的屋顶设置了空中花园，根据不同的场地种植了不同的果蔬。甚至通过台阶把不同的楼层串联起来，实现了健身步道的功能，同时也体现了穿岩十九峰的文化特征。利用不同楼层的中庭空间营造了室内生态环境，提高了办公的品质。

新昌技术服务中心，一个内向的花园，悬浮于基地的理想城。设计师更多的是在时代的洪流中被裹挟着前行，在匆忙而踟蹰的过程中，经历着学习、创新、反思，同时我们的设计理想与价值观也在发生着变化。如今我们的城市生活与自然日渐隔阂，我们期望将乡野的风格嫁接在现代建筑之上，成为容纳诗意生长的容器。在可游、可行、可望的意境中体验鲜活。希望这个设计能成为新昌绿色建筑的新标杆，并为市民提供一个可休憩、活动的精神场所，一个绿色、活力、功能复合的城市客厅，呈现出简约洗练的现代主义风格、完整和谐的整体格局、精心设计的建筑细节，成为一幢积极开放的建筑。历时三年多项目如期竣工，建筑已然如模型般伫立在场地上，无疑是让人欣慰的。

建筑鸟瞰

栖地 —— 环境外共生建筑

"栖地——环境外共生建筑"可以直观地理解为环境＋建筑，建筑多选择优越的自然外部环境。栖地建筑以度假酒店为例，解读建筑如何借助外部优越的自然人文环境营造高品位建筑。通过对不同地域环境、不同定位、不同规模的度假酒店建筑实践，分析栖地建筑设计思考的演变、营造讨程，系统梳理建筑的特点。

兰亭安麓度假酒店

2011—2018 年

项目面积 ｜20890m²
项目地点 ｜浙江绍兴
项目阶段 ｜竣工
设计时间 ｜2011 年
设计团队 ｜胡兴华　唐秋芳　卜呆丁　夏　军　朱益民

酒店樱花

理想的度假酒店是什么？笔者认为是能安放自己，虽然能体味大自然的春夏秋冬、黑夜与白昼，但是却让自己忘记了时间，没有开始也没有终结。可以是陶渊明笔下的《桃花源记》，重塑人与自然的关系，酒店位于一个小山谷，一条小溪顺着山谷缓缓流下，山谷里种满了樱花，每逢春日花季，盛开的樱花便烂漫了整个山谷，也赋予了酒店颜色。

烂漫的樱花林里隐藏着诗意的生活，凭栏观看日出日落，倚窗聆听鸟叫虫鸣，这是现代都市人编织的一个梦想。

4.1 城市背景

会稽山地处浙中，山不高但名人辈出；是中国古代帝王加封祭祀之地，也是春秋时期越国军事上的腹地堡垒，因此秦始皇统一中国后不远千里，上会稽祭大禹；汉代后会稽山成为佛道胜地，香火延续至今。宛委山望仙桥山谷在会稽之南，有"承以文玉，覆以磐石"之谓，自然景观优美。阳明洞天被列为道教第十洞天，明代大思想家王阳明在此筑室隐居，研修心学；而龙瑞宫、葛仙炼丹井、苗龙升仙石等遗迹更使文化色彩浓郁。

山谷地势起伏，南北两翼山体夹着一窄窄的溪涧谷地，溪水自西向东层层跌落，东面豁口与若耶溪相接成整体，正符合依山面水，俯邻平川；郁郁葱葱的山涧分布有大量的樱花、三角枫和乌桕，每逢春日花盛开，美不胜收，秋日则可见"重林柏映红"的景观。设计希望最大限度地保持原初的自然风貌和山野气息，把建筑融合到环境中，古朴的建筑与青山绿水相映相生，营造出"采菊东篱下，悠然见南山"的世外桃源般的意境，为久居城市的宾客提供彻底的离群索居体验。

兰亭安麓樱花实景

会稽山实景

会稽山香炉峰实景

4.2 片段植入

　　漫过见龙潭的溪水淙淙，声脆悦耳，清幽竹林映衬着散落在山水之间的古建筑，宛若白云深处古村落，沿着溪旁小径你能寻觅到古村的那份宁静，能偶遇保存完好的百年老宅；古树和古建筑的光阴感，其意义在于对乡愁的记忆提示，青瓦白墙掩盖不了老宅的昔日风华，在岁月的洗礼中，历尽沧桑，反而更添韵味，分明就是传统文化形象记忆的再造，这就是兰亭安麓酒店。

　　酒店以世外桃源理念，借鉴和演绎江南民居传统聚落模式。为此投资

方移建了 48 栋不同地域、不同年代的古建筑,有江南民居、古戏台、官厅、祠堂等,其历史均过百年,远至明末,近到晚清;且形制完整、细部精美,建筑本身已极具收藏和展示价值。古建筑的建构不仅采用传统工艺技法,还大量匹配了源于绍兴本地的老石板、柱础等构件,体现文化的传承。古建筑见证了根植于江南土地上地主乡绅阶层的兴盛与没落,如今将其改造成低调奢华的客房,古建筑恰如一块舞台的背景,映衬着前后生活的戏剧变化,现代时尚、柔和高雅的装修格调,让客人在对历史的记忆中体会现代建筑的内涵,感受不一样的体验,从而呈现出建筑的自然属性乃至更深层的文化属性。

酒店入口樱花谷

酒店总平面图方案

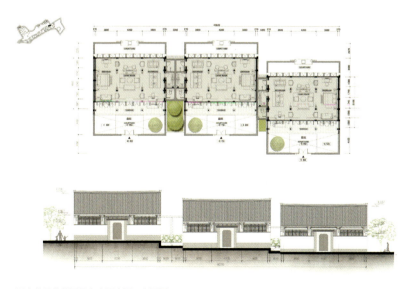

酒店单层传统民居客房平立图、立面图

酒店雕刻精美的古建局部

4.3　建构诗意生活

东晋著名诗人陶渊明曾在《归园田居》中写道，"方宅十余亩，草屋八九间，榆柳荫后檐，桃李罗堂前"，让人细细品味远离喧嚣、宁静的生活内涵。作为一家以隐居体验为核心的高端度假酒店，对建筑的呈现应超越概念和风格之上，落地化为可被宾客感知的生活方式。

酒店建筑依照山势和溪流的走向成组成簇，形成高低错落、进退有致的聚落格局。街巷以东湖石铺砌而成，满足消防通行的同时，保持着村落的尺度感。山涧为轴，小桥流水，溪水环绕，花木扶疏；楼台亭榭，移步换景，营造出私密幽静、古朴素雅的休闲意境，富有江南神韵。景观只是稍作点睛，如"寥寥数语，弦外之音犹绕梁间"。

酒店古建客房搭建现场

古建筑构件——牛腿

古建筑构件——砖雕

酒店鸟瞰实景1

兰亭安麓在乎每一位住客的生活质感，没有约束和拘谨，只有自然。以典雅的古建筑打造自然舒心的休憩空间，其独有的历史厚重感为世人沉淀出一片纯净的身心休憩之所。精致的 99 间客房，皆充分保护客人隐私，独立成景，关起门来自成天地。客房内阅读吧是可以慵懒着看书的地方，阳光从木质栅栏照在舒适的椅垫上，来一壶清茶，适合独自一人度过一段静心时光。闲庭信步私人花园，谁又说坐井观天不是幸福？特别是晚上有星光相伴时，更感觉在享受诗意生活！

　　酒店得天独厚的天然环境，成就了不同的户外体验活动，让你融入自然，或深入山中远足，或骑山地单车，或在茶艺馆看山、静思，或在美食餐厅品尝丰盛的古越特色菜肴。有时候什么也不做也是一种奢华，因为在都市里你实在静不下来，平时要想很多事，突然让你变得简单也不容易，因此与城市酒店相比，这里有的只是虫鸣鸟叫，只是淡定的心态，让人能脱离都市的嘈杂，这里的生活更有人情的温度。

酒店鸟瞰实景 2

酒店鸟瞰实景 3

酒店鸟瞰实景 4

酒店鸟瞰实景 5

酒店见龙潭鸟瞰实景 1

酒店见龙潭鸟瞰实景 2

酒店见龙潭鸟瞰实景 3

酒店见龙潭鸟瞰实景 4

酒店入口实景

4.4 细致贴心的设计

对旅行者来说，每到一地都期望能感受当地的独特文化。兰亭安麓正如一席私人定制的文化盛宴，独一无二的历史文化底蕴让酒店呈现出无限的魅力。客房很简朴，却也很奢华，门窗采用传统镂空木栏以及落地门，窗外延绵的山林让人感受到对自然的回归。室内材料的选用也体现了自然特质与环境的融合，家具格调优雅，无论床、桌椅还是餐具都是名师

定制，纯手工打造，简约的原木风格宁静自然，融合典雅的隐士文化，与禅意审美相契合，让人感受到亲和、舒适。所有陈设和床上用品推崇环保理念，客房没有电子门禁系统，也没有门卡，但有全屋地暖、免费无线宽带、精致茶台、大尺寸的桑拿浴室，能满足宾客对生活舒适度和便利性的需求。

樱花季酒店实景

酒店大堂吧 1

酒店大堂吧 2

酒店大堂

酒店前台

酒店公共区

酒店若耶溪音乐厅

酒店单层古建筑客房 1

酒店单层古建筑客房 2

酒店单层古建筑客房 3

4.5　建构的实现

　　古建筑的建构以保留其原始状态为准则：包括形制、材料、细部等，遵从传统工法，以白墙、青砖、黛瓦、木雕栋梁等元素为主；少量采用青石、夯土等当地材料；但有些已经不匹配当前的规范要求，在不影响感观的前提下调整工艺，如在两层老房楼板面层和基层板间附加波形钢

酒店单层古建筑客房 4

酒店单层古建筑客房 5

酒店单层古建筑客房 6

板，以满足结构和消防要求；有些功能难以放进古建筑之中，因此在古
建筑边上附建小体量的卫生间，运用景观手法虚化附建部分，使之能满
足新的使用功能，又能成为古建筑的背景和陪衬，而不会影响到古建筑原
有的魅力。

　　新建筑的建构策略是：尊重传统，体现当代。面对如此精美的古建筑，

所有对传统的模仿的现代设计，都难以达到古人曾经的水平，更不会是有生命力的建筑。新建筑完全采用现代设计手法，注重新建筑与相邻古建筑在高度、材料、体量上的均衡，使之既有中式建筑神韵，又具现代特性。原汁原味的古建筑，与现代使用功能形成鲜明的对比衬托，突出了新旧间的时间跨度，是对建筑光阴感的有力诠释。

酒店古建筑客房室内 1

酒店古建筑客房室内 2

别墅客房 1

别墅客房 2

别墅客房室内 1

别墅客房室内 2

村民屋客房室内

全日制餐厅

全日制餐厅室内

全日制餐厅包厢

村民屋客房

建筑细部 1

4.6 自然景观营造

建筑和环境是密不可分的，中式空间比较强调层次感和空间感，均不是靠体量而是靠院落和景观来体现的。

为保证居住的私密与舒适，大多数单体建筑设置了尺度合适的庭院空间；前庭后院或是前庭内院，独立的景观步道通向各个院落入口，平添了回

酒店公共区域景观 1

酒店公共区域景观 2

酒店公共区域景观 3

酒店景观

春日的酒店

剑龙潭夜景

酒店曲水流觞

家的喜悦，临溪的后院也为客户带来更多的情趣；透过绿篱院墙，组团空间和私人领域相互渗透，却不相互干扰。建筑间相互关联、相互掩映成为一个群落整体。

自樱花林溯溪而上，小桥流水，清幽竹林，两侧树木、建筑相互掩映，可以欣赏樱花林、古民居、葛洪丹井、石刻香炉、龙瑞宫等古迹。行至西侧见龙潭，见龙潭设有景观水榭，方便临潭远眺。回首东望，整个山谷一览无余。

为再现昔日"春分投简"的游览盛况，依据元稹诗《春分投简阳明洞天作》描写的植被景观，精心选择绍兴本地植被类型，在景观节点适当引进大树，种植花灌木，形成缤纷多彩的植物空间；周边山林补种秋叶树种如枫香、乌桕、无患子等，恢复和保持生态特色，突出景观要求。而见龙潭西侧的浙江省文物保护单位"贺知章《龙瑞宫》摩崖刻石"弥足珍贵，为更好地保护文物和方便游客，景观营造严格执行浙江省文物局的要求，保留原有上山游步道，在石刻前设置观景平台。

秋色中的酒店

春色中的酒店

4.7 结语

禅的哲学强调追求完美的过程甚过强调完美本身。基于这种禅意，建筑谦卑低调，更像是个载体，用自己的"微光"来美化环境，并且融入其中；

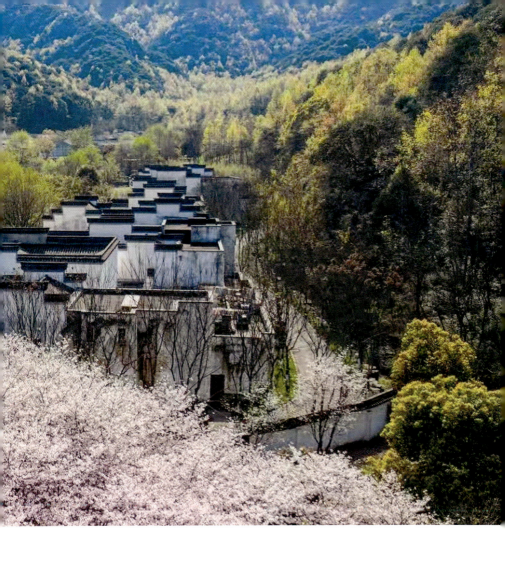

基于人世间所有事情的存在都有其特殊性，酒店承载了太多的希冀，需要投资商、酒店管理公司、设计师和客户间寻求一个平衡点，而平衡的结果就是兰亭安麓酒店。

可以说这是有缘人才遇得到的酒店，将古城喧嚣关在门外。沏一壶香茗，看庭前花开，听虫鸣鸟叫，任时间悄然流过……

东山大观度假酒店

2018—2022 年

项目面积 | 35630m²
项目地点 | 浙江上虞
项目阶段 | 竣工
设计时间 | 2018 年
设计团队 | 胡兴华　唐秋芳　祝丹红　蒋琦敏　赖敏祺

东山大观度假酒店局部鸟瞰

"不向东山久，蔷薇几度花。白云还自散，明月落谁家。"这是唐朝诗人李白留下的诗《忆东山》。

5.1 缘起东山

东山村，一座岁月沉淀千年的古村落，地处浙江上虞上浦镇，西临曹娥江，东依四明山脉。这里出土了中国最古老的瓷器——东汉时期的越窑青瓷，素有"青峰翠色，瓷坛明珠"之美誉；这里是东晋年间"东山再起"成语的典故地；隐居东山的谢安两度出山，救东晋王朝于危难，赢得东山再起的千古美誉；这里还是山水诗始祖谢灵运创作《山居赋》的地方。面对具有如此深厚文化底蕴的东山，春晖集团杨言荣董事长希望能够守望这份文化家园，重构诗人向往的生活场景与再现"东山雅集"的风采。

场地紧邻东山湖，被高压走廊和道路分隔成三块大小不一、略显零碎的土地，场地内地形高差较大，但开阔的湖面、层叠的山麓和厚重的人文资源吸引了我们，更打动我们的是杨董事长创办、经营春晖集团 50 年的人生感悟，以及他对家乡这方土地的热爱与愿景。

这一切都让我们对酒店设计充满了期待。

5.2 千峰翠色

东山是中国青瓷文化起源地之一，周边分布着为数众多的越窑遗址，中国历史上最早的上浦小仙坛窑址也在其中。越窑青瓷自东汉起历经千年，逐步声名鹊起，并走向世界。

越窑青瓷质地细腻、釉面光洋、胎釉紧密、线条流畅、造型浑朴、色泽纯洁，特别是专为皇家烧制的"秘色瓷"，代表越窑青瓷历史上烧造的最高水准，釉色独一无二，唐代诗人陆龟蒙在《秘色越器》中以"九秋风露越窑开，夺得千峰翠色来。如向中宵承沆瀣，共嵇中散斗遗杯"的诗句赞美其釉色精美。越窑青瓷应用极为广泛，曲水流觞中其羽觞正是青瓷所制，青瓷一盏，承载了文人墨客的诗情画意，同时也折射出东山民间的审美情操。

5.3　东山雅集

　　青年时期的谢安就是东晋的清谈领袖，隐居东山期间更是广结天下名士，与支道林、许询坐而论道；与王羲之、孙绰等人曲水流觞，而曲水流觞就是将盛满酒的青瓷酒杯放在水中，酒杯沿着曲折的小溪顺水漂流，酒杯停在谁的面前，谁就取杯饮酒赋诗，这是何等的意气风发。谢安与名士们的聚会影响深远，历史上被称为"东山雅集"。

东山湖与建设中的大观酒店实景

凤凰山越窑遗址实景

东山太傅祠实景

石井水库实景

东山湖实景

越窑青瓷 1

怎样的人文环境吸引着名士们东山雅集？也吸引着当下的我们去探究？"崇山峻岭，群贤毕至，少长咸集，流觞曲水，列坐其次，有茂林修竹、清流激湍，映带左右……"，王羲之笔下的《兰亭集序》就呈现了东山雅集最轻奢的生活方式，也体现了东山的风雅之美。

5.4 《山居赋》

谢灵运与他的《山居赋》是中国山水诗无法绕过的存在。东山所蕴藏的自然美，契合他寄情山水、回归自然的心愿，孕育出饱含地域特色的《山居赋》。诗赋中展示了山川地理的巍然，描述了田野乡村的烟火气以及诗人对山居生活的向往。千百年来，历代文人墨客被那"如初发芙蓉自然可爱"的山水所陶醉，竞相来朝圣，徜徉在东山，留下众多诗文，唐代大诗人李白也曾三次到访东山，留下多篇诗文。《山居赋》不仅为中国文学开创了山水诗流派，也让东山成为浙东唐诗之源。

山居赋景，心向往之，而山居更在于山居之外，这似乎成了中国文人名士诗情画意的核心。酒店独特的地理位置总让人不自觉地联想起东晋时期那些去留无意、潇洒肆意的生活场景。酒店地处东山，又取意于"托寄山水得真趣，放怀天外极大观"，所以命名为东山大观。

5.5 江南之美

作为建筑师，如何应对场所精神、如何呈现对传统文化的敬意、如何营造适宜的现代生活场景，为渴望静心的客人提供一处身心皆能舒缓的空间。

我们把目光聚焦在词汇：江南。江南是什么，或许每个人心中都有一个江南梦……是桃李春风、蕉叶暮色、粉墙黛瓦？是青砖小院、屋檐雨滴、炊烟袅起？是小桥流水、石板青街、庭院深深？余秋雨曾经说过："就中国文化而言，院落是安顿生命、安顿家属和安顿精神的场所，一道墙把一个家庭

东山大观酒店方案鸟瞰

围起来以后，里面是个独立的世界，院落是他们的天地。"在很多中国人心中，江南小院就是渗透在骨子里的清欢。以此来切入设计，是因为场地位于曹娥江之左，也是因为江南小院对地形的适应性强，通过院墙能很自然地把三块场地整合起来，更希望借此赋予东山大观传统文化的因子，寻找《山居赋》中寄情山水的浪漫审美与情怀。

东山大观以江南建筑风格为底，没有过于繁复的雕梁画栋，而是让建筑回归优雅低调、质朴无华，有传统的意蕴，又符合现代审美。借助庭院文化承载着过去与现在，以精致植物、花窗小品、池廊莳花营造出四季景观，邀请工匠依循古制设置滴水瓦当、檐头花边、飞檐斗角，以精雕细琢成就建筑之美。

江南之美是山色不离长青，窗含落虹霞烟，是粉墙黛瓦依旧，醉酒诗意自在，这也正是东山大观设计所期许的。

5.6 栖居山水

虽然东山大观以江南建筑为语言，但设计的着力点并不过于追求形式，而是努力让建筑融入场地。

酒店场地分列道路两侧，两块地临湖，一块场地孤立在道路之外，如果遵循现有场地逻辑去设计酒店势必会形成流线的混乱，我们也曾尝试借用村落的思维去构建空间，但是显而易见的缺陷让我们一次次放弃，于是才有了一个大胆的构想——重建场地的逻辑，把酒店交通功能从场地的中间移到场地的西侧，弱化场地中间道路的交通功能，这样不仅使得三块地尽可能整合起来，形成非常好的空间层次，而且场地与东山湖的关联也会更紧密，新建的外围道路成为酒店的边界。

受地形限制，东山人观建筑整体呈现出对称但又不稳定的平衡状态，酒店轴线空间逐层铺开叙述，营造出迎客仪门、典雅大堂、温馨客房、临湖花园等递进式空间体验，体现了古典园林建筑的隐逸美学。落客区通过粉墙漏窗界定出入则宁静的一方天地，酒店大堂作为酒店建筑的枢纽，以四合院前

酒店主入口效果图

酒店大堂吧效果图

酒店效果图

酒店全景效果图

后两进分设前厅与大堂吧，通过檐廊将未知的精彩串联。前厅墙面巨幅瓷画、精心雕琢的家具陈设，赋予空间可以感知的艺术气息；身处临湖设置的大堂吧，能一览无遗东山湖山水风光，感受从窗棂洒下的斑驳阳光，轻声诵读"竹缘浦以被绿，石照涧而映红。"观山、观水亦观心，不经意就沉浸在其中。

面对连绵起伏的东山和碧波浩渺的东山湖，建筑依山面湖而建，向湖叠落，这样不仅满足了规划限高的要求，同时增加了观景界面和酒店建筑的亲水性，使得每一间客房都能望见山，看见水，听见虫鸣鸟叫，让现代生活融入观山、观水的自然情景中。

水作为山居的重点，如同《山居赋》中所描述的那般："拂青林而激波，挥白沙而生涟。"大堂边院引入了一方浅水，专为玩水而设计，可以戏水，也可以表演水上越剧；与大堂前的泳池、湖岸公园的瀑布以及湖上的现代水秀，构成东山大观温雅与野趣的体验。

我们在三块地中稍远的一块设置了酒店宴会厅"春晖堂"、中小型会议室以及配套用房，用于接待大型会务、展览、婚宴等活动。因为功能相对独立，可以弱化地块间的距离感。酒店大堂右翼布置了酒店的中西餐厅、主题包厢，布局便于独立对外经营，同时也拥有非常好的景观视野。餐厅、宴会与会议区域装饰取素材于山水，让客人感觉更具仪式感，重现东山雅集之盛景。

酒店宴会前厅效果图

酒店宴会厅效果图

酒店中餐厅效果图

酒店鸟瞰实景

酒店沿湖实景

酒店前庭

酒店室外泳池

酒店建筑实景 1

酒店建筑实景 2

酒店大堂吧 1

酒店实景 1

酒店内庭水院

酒店实景2

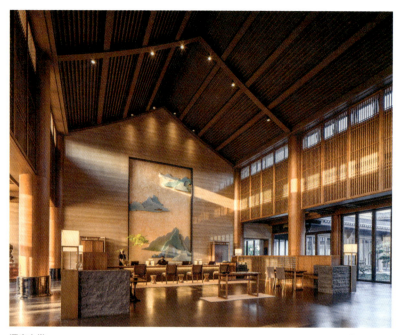

酒店大堂

酒店大堂吧 2

酒店大观包厢

酒店宴会厅

酒店大堂吧 3

5.7 安住于心

"人人都有无限心，世界却有限，汝心安否？"千年前，谢安、王羲之等名士会聚于此，挥笔笑谈间，吟诗度流年。即使是在物质生活极度丰富的今天，人们对于山居生活的追求不仅没有改变，而且更强烈，甚至成为渴望。

酒店生活中住是根本，客房自然就是酒店最具体验感的部分。客房以婉约的江南文化、素雅的地域风情为元素，结合现代简约时尚，以深色地板和实木家具营造视野的沉稳，以古代山水画为背景墙描摹视野的雅致。客房选品上乘，各个功能空间各安其所，以山水为景，推窗望外皆风景，近可触烂漫繁花，远可望静谧山水，关上窗则可享一室之宁静，在情感上，这里更像是一个"家"，空间有创新、陈设有品质，舒适有趣味；不无聊也不夸张，是一种淡然平和的生活方式。

在东山大观，你可以享受宁静，也可以体验活力四射，酒店设有丰富的休闲娱乐活动空间。可以进行健身、恒温泳池、SPA、瑜伽、果园采摘、游船、青瓷体验等活动，周边有越窑遗址、国庆禅寺、谢安故居、越窑青瓷博物馆，为宾客深入了解东山人文提供观光体验。

山居雅趣，尽在于此。

酒店全日制餐厅

酒店客房 1

酒店客房 2

酒店客房 3

酒店客房 4

酒店健身房

酒店客房 5

酒店客房盥洗间

5.8　结语

　　东山大观的设计涉及人文、艺术与技术的探求，坐拥文人雅集中的自然人文环境，设计能否承载人文的精神，构建出独特的气质；设计能否把握艺术的要素，勾勒出唯美的优雅；设计能否选用合适的技术，再现出诗意的山居，这是我们一直思考的问题。

　　我们试图将建构的体量嵌于场地，在突出"隐"之外，更期许建筑融入山水，融入环境，用传统的粉墙黛瓦搭配山水的青绿画境，营造出幽静的江南风雅。我们试图把东山大观营造成有"烟火气"的生活，亦有诗的格律。寻一处青山绿水、安逸过几日隐居时光，或许就是东山大观对于谢灵运《山居赋》中描述的理想生活、古典雅韵的现代诠释。

　　穿过大堂，走过客房曲折的廊道，感受迂回之后的豁然开朗，感受一份静谧与安宁。

酒店外景

覆卮山东澄山庄

2019—2023 年

项目面积 | 3675m²
项目地点 | 浙江上虞
项目阶段 | 竣工
设计时间 | 2019 年
设计团队 | 胡兴华　唐秋芳　祝丹红　董之琦

覆卮山东澄山庄鸟瞰

东澄山庄位于上虞岭南乡覆卮山东澄古村之上,覆卮山因东晋山水诗人谢灵运"登此山饮酒赋诗,饮罢覆卮"而得名。山庄建造于 2010 年,建筑面积 3500 多平方米,近十年来项目经营一直处于半停滞状态。

投资方希望重构山居生活,把项目改造为小而美的度假型酒店,让山庄焕发出新的生机。项目的改造投资也是父亲对女儿参与乡村建设情怀的一次无偿支持或是激励,投资方也给予了设计团队以信任和创作自由度。这无疑是一次非常有意义的乡村实践。

第一次踏勘现场是在历经九曲十八弯山道之后的豁然开朗,山庄位于覆卮山东澄古村之上一个相对独立且开阔的山坡地,场地中间有一汪水塘,建筑依山傍水而建,向南可以俯瞰连绵的群山和东澄古村,向西可以眺望千年梯田,后山拾级而上就是果园和冰川石浪。山庄虽设有围墙,人和车均可以随意进出,并没有很强的领域感,场地应该是许久没有打理,零星的小树和肆意生长的杂草显得有些凌乱,但得天独厚的场地条件打动了我们。

东澄山庄改造前实景 1

覆卮山东澄山庄实景

6.1 为什么而设计

改造是基于改变项目原来运营状况而起，了解山庄运营的"痛点"并提出品质提升方案就是设计思考的过程与重点。

功能过于单一是造成山庄运营困境最主要的原因。山庄远离城区且地处覆卮山之上，交通并不便利，而项目功能设定仅为餐饮接待，不具备住宿条件，这样的功能定位使得团队不会选择山庄用正餐，而对散客来说，用餐客流量受到季节性影响太强，节日与春天油菜花季客人爆满，客人多得找不到座位，忙乱中降低了用餐感受，难以形成口碑，而平时零星的客人根本就无法维系山庄的运作。

要把山庄改造为小而美的度假地，需要了解什么样的客人会是项目的目标客群。为客人营造怎么样的度假体验决定了我们的设计思路，重新规划功能、减少餐厅面积并设置客房及辅助功能房，让客人能够留下来，把单一的用餐客人变成住宿客人，把踏青看油菜花的淡季客人变成回归自然的全年度假客人，把闲置的餐饮楼变成旅游度假目的地，是设计和投资方共同的目标。

东澄山庄改造前实景 2

6.2 功能重构

功能的重构取决于定位的变化。山庄要小而美，仅仅依靠增加几个客房显然是不够的，首先是山庄环境的营造，自内而外地提升品质，让山庄有家的温暖感，让客人愿意入住与停留。

其次是功能植入，力求实现让客人真正能够愿意留下来，享受几天度假的悠闲的效果。

最后是文化植入，使山庄能够被推广和品宣，能够从众多的乡村民宿中脱颖而出，让客户认知并传播。不同于当下的民宿产品，投资方并不热衷于快速的经济回报，山庄的定位就是回归自然的现代生活体验。

把山庄看成是精致而温暖的家，这个想法被投资方认可，也体现在空间的风格营造、客房的布局、家具质感的选择等方面。山庄不缺乏文化旅游资源，覆卮山是上虞最高的山，不仅具有话题性，更具有丰富的自然资源：冰川石浪、千年梯田、百年古村、四季鲜果等。当然，把这些资源统筹起来，成为山庄的外延，并为项目赋能，需要建筑师和投资方共同谋划，但这足以

东澄山庄改造效果图 1

东澄山庄改造效果图 2

东澄山庄改造效果图 3

东澄山庄改造立面效果图

让山庄具有别样的气质。

建筑师对乡村振兴的热情绝对可以用翻天覆地慨而慷来形容，不仅对建筑改造有非常多的颠覆性设想，甚至对山庄的名字都有了重塑的想法，把东澄山庄改为覆厄·东澄，希望山庄能有个华丽的转身，更年轻、更时尚。随着项目的推进，我们也不断在检讨和修正设计理念。建筑师在乡村振兴中应该扮演什么样的角色，其实值得我们有更多的思考。

既有建筑的功能重构肯定不同于新建建筑，尊重项目的在地性，尊重外在的环境，让建筑融入环境并顺势设计是我们的设计理念。强调对既有条件的整合利用，将不利条件转化为有利条件才能体现设计的用心，而这也是设计最有价值之处。设计中对原结构进行了梳理和复核，确定了拆除、加固、保留相结合的处理方法。例如，原有建筑的进深很深，室内走道幽暗，我们在中间跨设置了采光中庭，重新建构了客人的交通路线，利用阅读吧、楼梯和采光天井把三层的公共空间串起来，创造出令人兴奋的建筑内部空间，阳光透过屋顶天窗投射到室内中庭，让酒店充满了宁静的氛围。

设计把原来的一层餐厅作了调整，仅保留了部分空间作为全日制餐厅，其余空间改造成包厢和休闲区。大空间划小是避免平时用餐客人不多时餐厅显得过于空旷而不温暖。独立设置的三个包厢相对私密且有品质，满足不同客人的需求且不会相互干扰。休闲区平时作为客人休憩的地方，客流量大的旺季时可以拓展为临时用餐区域。

把原项目中临水的三个棋牌室改造成了带泡池、庭院的 VIP 客房。

二层西侧平台被改造成无边界泳池，客人在泳池里能够望见梯田。

原来的包厢改为山景客房，三层原来的管理员休息室改为 LOFT 亲子房，既充分利用了屋顶的空间，拓展了视野，又增加了房间的趣味性。

山庄建筑外立面的重塑采用了水平的线条逻辑，一方面是通过水平线条来协调复杂的建筑形态，另一方面则是试图让建筑呼应梯田的线性关系，舒展的水平视野强化了建筑的地域性。

简约纯白的建筑色彩和深灰的坡屋面保留了东澄古村原有建筑的记忆。

东澄山庄改造效果图 4

　　场地的梳理强化了进入酒店的仪式感和体验感，重新设计入口区域，沿水塘设置了彩虹观景平台、儿童活动区、婚礼草坪、星光水池。

　　场地是向非住店客人开放的，是村落空间的外化。位于山庄边界的彩虹观景平台是基于地形内现有建筑的改造，却有非常好的观景视野和标识性，暗示了山庄与油菜花梯田的关联，游客可以远远地看到并能够自由地上到观景台打卡，从而增加了山庄入口的标识性，也增加了山庄的体验性。

6.3 功能植入

项目保留了原来的结构主体，将新的功能空间植入其中以适应新的使用要求，首层作为公共区，涵盖了接待、大堂吧、茶室、会议、全日制餐厅、中餐包厢、厨房和 VIP 客房，在项目中心区域设置了电梯，全日制餐厅具有非常好的视野，能够看见远山，能满足住店客人早餐和正餐的需求，也能

大堂吧效果图 1

餐厅效果图

大堂吧效果图 2

餐厅包厢效果图

休息室效果图

KTV 室效果图

完成改造的东澄山庄 1

完成改造的东澄山庄 2

中庭空间 1

大堂吧实景 1

大堂吧实景 2

中庭空间 2

VIP 客房实景

够接待零星的访客。三组包厢分布在不同的区域，能满足团队餐或是生日趴等需求，VIP 客房为酒店最具个性的套房，配有小型厨房、客厅、两个卧室和室外泡池，独立设置的出入口也体现了仪式感；二层设有山景大床房、阅读吧、泳池、健身房、棋牌室和手工坊及画廊；三层为设有星空房的 Loft 亲子房，还有专设的儿童活动区、家庭室、超级大露台等活动空间，三层西端视线最好的房间被设计为网络直播间，能够看见盛开的油菜花和四季果园，能扮演农产品转运站的角色，山庄所有的客房和包厢分别以二十四节气命名，而室内木质家具的使用让酒店具有温暖感和生活气息。

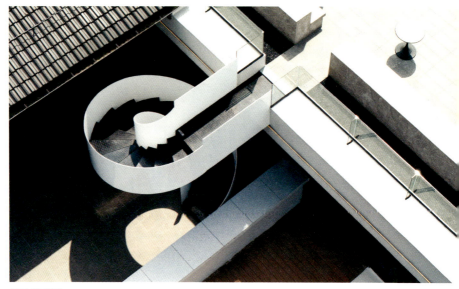

屋顶观景楼梯

无边界泳池实景

东澄山庄实景 1

东澄山庄实景 2

建筑实景

6.4　与环境共生

每个人心中都有属于自己的一片瓦尔登湖，在这里我们可以栖息于自然，体验自然山林的"源本之美"。山、水、林的地貌特征是人类生活的本源，象征着生命力。云起时缥缈的云气，山涧里滴水的声音，竹林里斑驳的光影，果园里四溢的果香，山村里浓郁的山气勾勒出伴水、伴山、伴林的自然之美，呈现出诗意栖居、隐逸山林的悠闲。

山庄改造试图把自然、场地、建筑与人联系起来，创造出一系列开放性的空间，大面积的玻璃窗，融合空间内外，将山林、果园、花海的景致毫无遮挡地纳入，令建筑视野蔚为壮观。同时，引入阳光的空间也让人感受到大自然的礼遇，清阳曜灵，和风容与。室外汇水成景，淙淙跌水从景石汇流而下，流光溢彩般。清晨漫步在此间，远离城市的喧嚣，感受四季的轮回，远眺大山、古村、梯田，看云淡风轻，体会山水诗人谢灵运描述的"面山背阜，东阻西倾，抱含吸吐，款跨纤萦，水卫石阶，开窗对山，仰眺曾峰。"

6.5　结语

著名建筑师阿尔瓦罗·西扎曾经说过："光是本质，即使它非常暗淡，甚至接近黑暗，也能以形状或阴影的方式来表现一个体量"。所以空间改造最核心的就是引入了光，提升建筑的自然通风和采光，用阳光作为设计语言述说空间的情绪。纯白简约的建筑造型与环境相互映衬，在保留原有建筑结构逻辑的基础上，也体现了对古村传统文化的尊重。改造中始终关注建筑的结构安全与性能化提升，适应性改造有效地弥补了建筑外围护结构和屋顶的隔热性能的不足。通过设计营造，我们希望山庄依然是乡村的风格，能兼顾现代的生活方式，并成为放空心灵的雅致居所。

屋顶观景平台

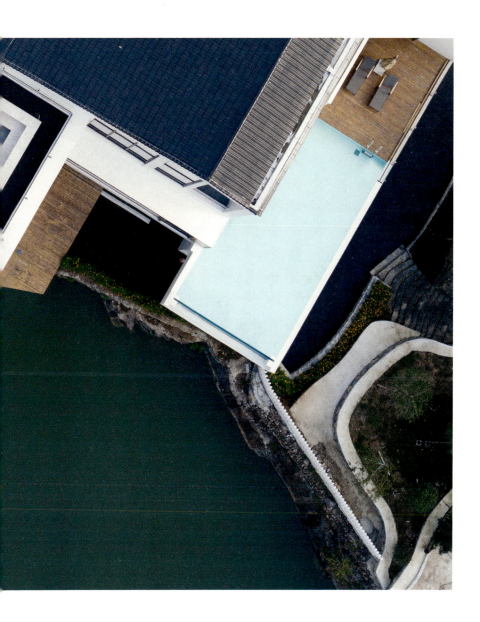

公共区实景 1

公共区实景 2

公共区实景 3

改造后的东澄山庄

直播间
LIVE
STUDIO

附录

附录 1　作品年表

绍兴市图书发行大厦
项目地点：浙江绍兴
项目类型：文化建筑
建筑面积：14299m²
设计时间：2000 年
竣工时间：2002 年
业主单位：绍兴市新华书店
建筑团队：沈康敏、胡兴华、黄会明、陈弢

绍兴青少年活动中心
项目地点：浙江绍兴
项目类型：教育建筑
建筑面积：22173m²
设计时间：2000 年
竣工时间：2002 年
业主单位：绍兴市青少年活动中心
建筑团队：沈康敏、胡兴华、陈弢

上虞春晖中学
项目地点：浙江绍兴
项目类型：教育建筑
建筑面积：52829.8m²
设计时间：2002 年
竣工时间：2004 年 ①
业主单位：上虞市教育局
建筑团队：沈康敏、胡兴华、陈弢、贺祖爱

绍兴市福利中心、老年活动中心
项目地点：浙江绍兴
项目类型：老年建筑
建筑面积：48686.7m²
设计时间：2002 年
竣工时间：2004 年
业主单位：绍兴市民政局
建筑团队：沈康敏、胡兴华、陈弢、邱景

---

① 2013 年撤销县级上虞市，设立绍兴市上虞区。

绍兴县人民法院审判办公楼

项目地点：浙江绍兴
项目类型：办公建筑
建筑面积：15641.79m²
设计时间：2002 年
竣工时间：2004 年 ①
业主单位：绍兴县法院
建筑团队：沈康敏、胡兴华

绍兴玛格丽特国际广场项目

项目地点：浙江绍兴
项目类型：商业建筑
建筑面积：196872.9m²
设计时间：2002 年
竣工时间：2006 年
业主单位：绍兴玛格丽特国际广场筹建处
建筑团队：沈康敏、胡兴华、陈弢、唐建富、邱景

宁波大学职教学院宿舍区

项目地点：浙江宁波
项目类型：居住建筑
建筑面积：106627.1m²
设计时间：2002 年
竣工时间：2005 年
业主单位：宁波大学基建处
建筑团队：沈康敏、胡兴华、贺祖爱

绍兴市第七人民医院

项目地点：浙江绍兴
项目类型：医疗建筑
建筑面积：50172m²
设计时间：2003 年
竣工时间：2006 年
业主单位：绍兴市第七人民医院
建筑团队：沈康敏、胡兴华、贺祖爱

---

① 2013 年撤销县级绍兴县，设立绍兴市柯桥区。

绍兴县图书发行中心

项目地点：浙江绍兴

项目类型：商业建筑

建筑面积：7288m²

设计时间：2005 年

竣工时间：2007 年

业主单位：绍兴县新华书店

建筑团队：胡兴华、刘洋、王香宜

绍兴县小百花越剧艺术中心

项目地点：浙江绍兴

项目类型：文化建筑

建筑面积：10368m²

设计时间：2005 年

竣工时间：2007 年

业主单位：绍兴县小百花越剧团

建筑团队：胡兴华、刘洋、王香宜

白鹿山庄

项目地点：浙江绍兴

项目类型：酒店建筑

建筑面积：15762m²

设计时间：2006 年

竣工时间：中标未实施

业主单位：绍兴市白鹿山庄

建筑团队：胡兴华、刘洋、王香宜

东阳南市养老中心

项目地点：浙江东阳

项目类型：养老建筑

建筑面积：149751m²

设计时间：2007 年

竣工时间：2009 年

业主单位：东阳南市养老机构

建筑团队：胡兴华、陈弢、唐秋芳

绍兴银行总部大楼

项目地点：浙江绍兴

项目类型：商业建筑

建筑面积：28245m²

设计时间：2007 年

竣工时间：2010 年

业主单位：绍兴银行

建筑团队：胡兴华、沈康敏、陈弢

绍兴咸亨酒店二期

项目地点：浙江绍兴

项目类型：酒店建筑

建筑面积：73887.86m²

设计时间：2008 年

竣工时间：2010 年

业主单位：绍兴咸亨集团

建筑团队：沈康敏、胡兴华、陈弢、唐建富、邱景

绍兴国商大厦新中心

项目地点：浙江绍兴

项目类型：商业建筑

建筑面积：101590.6m²

设计时间：2008 年

竣工时间：未实施

业主单位：绍兴国商大厦

建筑团队：胡兴华、陈弢、李治跃

绍兴市巨星大厦

项目地点：浙江绍兴

项目类型：办公建筑

建筑面积：23050m²

设计时间：2008 年

竣工时间：2010 年

业主单位：绍兴市巨星集团

建筑团队：胡兴华、李治跃

绍兴城西小学

项目地点：浙江绍兴

项目类型：教育建筑

建筑面积：15921m^2

设计时间：2009 年

竣工时间：2010 年

业主单位：绍兴越城区教育局

建筑团队：胡兴华、李治跃、祝丹红

青川地震博物馆

项目地点：四川青川

项目类型：纪念建筑

建筑面积：4926m^2

设计时间：2009 年

竣工时间：2010 年

业主单位：青川县政府、浙江省抗震救灾指挥部

建筑团队：徐一鸣、胡兴华、祝丹红

绍兴市海关大楼

项目地点：浙江绍兴

项目类型：办公建筑

建筑面积：14975.1m^2

设计时间：2009 年

竣工时间：中标未实施

业主单位：绍兴市海关

建筑团队：胡兴华、祝丹红

绍兴市马山中学

项目地点：浙江绍兴

项目类型：教育建筑

建筑面积：75025m^2

设计时间：2010 年

竣工时间：2012 年

业主单位：绍兴市教育局

建筑团队：沈康敏、胡兴华、刘洋、夏军

山西省国电阳泉项目

项目地点：山西阳泉

项目类型：居住、酒店建筑

建筑面积：357766m²

设计时间：2010 年

竣工时间：2013 年

业主单位：山西国电置业有限公司

建筑团队：胡兴华、骆庚、张星

淮安新绿城项目

项目地点：江苏淮安

项目类型：住宅建筑

建筑面积：80122.9m²

设计时间：2010 年

竣工时间：2013 年

业主单位：淮安新绿城开发公司

建筑团队：胡兴华、祝丹红、李治跃、卜呆丁

绍兴元培学院

项目地点：浙江绍兴

项目类型：教育建筑

建筑面积：214067.7m²

设计时间：2010 年

竣工时间：2013 年

业主单位：绍兴元培学院

建筑团队：胡兴华、李治跃、卜呆丁

海亮集团洋江路 5 号地块

项目地点：浙江绍兴

项目类型：住宅建筑

建筑面积：217750m²

设计时间：2010 年

竣工时间：2013 年

业主单位：海亮集团

建筑团队：胡兴华、祝丹红、李治跃、卜呆丁

绍兴商检大厦

项目地点：浙江绍兴
项目类型：办公建筑
建筑面积：28990m²
设计时间：2011 年
竣工时间：中标未实施
业主单位：绍兴市检验检疫局
建筑团队：胡兴华、祝丹红

绍兴亭山小学

项目地点：浙江绍兴
项目类型：教育建筑
建筑面积：41115.3m²
设计时间：2011 年
竣工时间：未实施
业主单位：绍兴市越城区教育局
建筑团队：胡兴华、祝丹红、李治跃、卜呆丁

常州文化博览城

项目地点：江苏常州
项目类型：展览建筑
建筑面积：490871.5m²
设计时间：2012 年
竣工时间：未实施
业主单位：常州海德文化博览城投资有限公司
建筑团队：胡兴华、李治跃、祝丹红

柯桥中央商务区 05-08 地块

项目地点：浙江绍兴
项目类型：办公建筑
建筑面积：33414m²
设计时间：2012 年
竣工时间：未实施
业主单位：浙江山东商会
建筑团队：胡兴华、李治跃

上虞大通水尚名都

项目地点：浙江上虞

项目类型：住宅建筑

建筑面积：196345m²

设计时间：2012 年

竣工时间：2014 年

业主单位：上虞嘉业房地产开发有限公司

建筑团队：胡兴华、唐秋芳、卜呆丁

海南文昌逸龙湾度假小区

项目地点：海南文昌

项目类型：居住建筑

建筑面积：387209m²

设计时间：2012 年

竣工时间：2018 年

业主单位：海南平海建设发展有限公司

建筑团队：胡兴华、唐秋芳、卜呆丁、祝丹红

台州银泰城

项目地点：浙江台州

项目类型：商业住宅

建筑面积：398321m²

设计时间：2013 年

竣工时间：2017 年

业主单位：银泰置地浙江有限公司

建筑团队：胡兴华、陈涛

余杭妇幼保健院住院大楼

项目地点：浙江杭州

项目类型：医疗建筑

建筑面积：48820m²

设计时间：2013 年

竣工时间：2018 年

业主单位：余杭妇幼保健院

建筑团队：胡兴华、祝丹红、李治跃

兰亭安麓度假酒店

项目地点：浙江绍兴

项目类型：酒店建筑

建筑面积：20890m²

设计时间：2011 年

竣工时间：2018 年

业主单位：秦森集团

建筑团队：胡兴华、唐秋芳、卜呆丁、夏军、朱益民

浙江天马国际赛车场

项目地点：浙江绍兴

项目类型：体育、展览、商业、酒店建筑

建筑面积：154779m²

设计时间：2013 年

竣工时间：2018 年

业主单位：浙江天马国际赛车场

建筑团队：胡兴华、唐秋芳、夏军、朱益民、刘洋

华汇科研设计中心

项目地点：浙江绍兴

项目类型：办公建筑

建筑面积：39680m²

设计时间：2013 年

竣工时间：2017 年

业主单位：华汇工程设计集团股份有限公司

建筑团队：胡兴华、祝丹红、李治跃、夏军

安徽宿州客运站

项目地点：安徽宿州

项目类型：交通建筑

建筑面积：62946m²

设计时间：2014 年

竣工时间：未实施

业主单位：宿州客运集团

建筑团队：胡兴华、唐秋芳、ONOFRE

绍兴滨海小学
项目地点：浙江绍兴
项目类型：教育建筑
建筑面积：18717m²
设计时间：2014 年
竣工时间：2016 年
业主单位：绍兴滨海建设开发有限公司
建筑团队：胡兴华、李治跃、祝丹红

湖州万达广场
项目地点：浙江湖州
项目类型：商业建筑
建筑面积：140876m²
设计时间：2014 年
竣工时间：2016 年
业主单位：万达集团股份有限公司
建筑团队：胡兴华、陈弢、夏军、朱益民

大江东智造谷
项目地点：浙江杭州
项目类型：工业建筑
建筑面积：209831m²
设计时间：2014 年
竣工时间：未实施
业主单位：杭州大江东建设开发有限公司
建筑团队：胡兴华、李治跃、祝丹红

贵州余庆大酒店
项目地点：贵州余庆
项目类型：酒店建筑
建筑面积：31930m²
设计时间：2014 年
竣工时间：未实施
业主单位：贵州余庆建设发展集团有限责任公司
建筑团队：胡兴华、唐秋芳、卜呆丁

绍兴品臻园
项目地点：浙江绍兴
项目类型：文旅建筑
建筑面积：43273.81m²
设计时间：2015 年
竣工时间：2018 年
业主单位：秦森集团
建筑团队：胡兴华、唐秋芳、卜呆丁、朱益民

海南文昌铂尔曼度假酒店
项目地点：海南文昌
项目类型：酒店建筑
建筑面积：55042.37m²
设计时间：2015 年
竣工时间：2017 年
业主单位：海南平海建设发展有限公司
建筑团队：胡兴华、唐秋芳、卜呆丁

长兴画溪新能源城市客厅
项目地点：浙江长兴
项目类型：展览科创建筑
建筑面积：37950m²
设计时间：2015 年
竣工时间：2018 年
业主单位：长兴画溪街道
建筑团队：胡兴华、李治跃

海南白沙北辰邑景项目
项目地点：海南陵水
项目类型：酒店建筑
建筑面积：41353m²
设计时间：2016 年
竣工时间：未实施
业主单位：北京昊远宏基集团
建筑团队：胡兴华、祝丹红、李治跃

龙虎山天师府度假酒店
项目地点：江西鹰潭
项目类型：酒店建筑
建筑面积：16814.81m²
设计时间：2017 年
竣工时间：未实施
业主单位：江西龙虎山管委会
建筑团队：胡兴华、祝丹红、唐秋芳

杭州九源科技大厦
项目地点：浙江杭州
项目类型：办公、科研建筑
建筑面积：47739m²
设计时间：2017 年
竣工时间：建设中
业主单位：杭州金品纸业有限公司
建筑团队：胡兴华、潘建栋、李金波

上虞浙大网新科技产业园
项目地点：浙江上虞
项目类型：办公、科研建筑
建筑面积：67200m²
设计时间：2017 年
竣工时间：2021 年
业主单位：浙大网新科技有限公司
建筑团队：胡兴华、祝丹红、唐秋芳

吉安青原山中学
项目地点：江西吉安
项目类型：教育建筑
建筑面积：71748.5m²
设计时间：2018 年
竣工时间：2021 年
业主单位：江西吉安青原山教体局
建筑团队：胡兴华、潘建栋

萧县绿城育华中学
项目地点：安徽萧县
项目类型：教育建筑
建筑面积：35528m²
设计时间：2017 年
竣工时间：2019 年
业主单位：绿城萧县置业有限公司
建筑团队：胡兴华、唐秋芳、蒋琦敏

金地艺境
项目地点：浙江绍兴
项目类型：居住建筑
建筑面积：254813m²
设计时间：2017 年
竣工时间：2019 年
业主单位：金地集团浙江公司
建筑团队：胡兴华、唐秋芳、李治跃

上虞龙盛城市之光苑项目
项目地点：浙江绍兴
项目类型：办公建筑
建筑面积：943678m²
设计时间：2018 年
竣工时间：2022 年
业主单位：上虞龙盛集团
建筑团队：胡兴华、潘建栋、祝丹红、唐秋芳

新生闻涛大厦
项目地点：浙江杭州
项目类型：商业建筑
建筑面积：232687m²
设计时间：2018 年
竣工时间：2023 年
业主单位：杭州市滨江区浦沿街道新生村经济合作社
建筑团队：胡兴华、潘建栋、李治跃、唐秋芳

龙盛总部大楼
项目地点：浙江上虞
项目类型：办公建筑
建筑面积：54611m²
设计时间：2019 年
竣工时间：2024 年
业主单位：上虞璟弘置业有限公司
建筑团队：胡兴华、唐秋芳、潘建栋、赖敏祺

西安广联达数字建筑研究中心
项目地点：陕西西安
项目类型：办公建筑
建筑面积：64750m²
设计时间：2018 年
竣工时间：2022 年
业主单位：西安广联达科技股份有限公司
建筑团队：胡兴华、李治跃、潘建栋

东山大观度假酒店
项目地点：浙江上虞
项目类型：酒店建筑
建筑面积：35630m²
设计时间：2018 年
竣工时间：2022 年
业主单位：上虞春晖集团
建筑团队：胡兴华、唐秋芳、祝丹红、蒋琦敏、赖敏祺

新昌建设技术服务中心
项目地点：浙江新昌
项目类型：办公建筑
建筑面积：33345m²
设计时间：2018 年
竣工时间：2022 年
业主单位：新昌建设投资有限公司
建筑团队：胡兴华、李治跃、潘建栋、唐秋芳

上虞云澜府

项目地点：浙江上虞

项目类型：居住、养老建筑

建筑面积：126368m²

设计时间：2019 年

竣工时间：2022 年

业主单位：上虞通盛房地产开发公司

建筑团队：胡兴华、唐秋芳、祝丹红、李治跃

滨江虞懋府

项目地点：浙江上虞

项目类型：居住建筑

建筑面积：107146m²

设计时间：2019 年

竣工时间：2024 年

业主单位：绍兴市上虞璟弘置业有限公司

建筑团队：胡兴华、唐秋芳、潘建栋、莫皓天

义乌红糖馆

项目地点：浙江义乌

项目类型：文化建筑

建筑面积：4975m²

设计时间：2019 年

竣工时间：未实施

业主单位：义乌文旅局

建筑团队：胡兴华、祝丹红

繁花里酒店

项目地点：浙江上虞

项目类型：酒店建筑

建筑面积：90336m²

设计时间：2019 年

竣工时间：未实施

业主单位：杭州湾经济开发区

建筑团队：胡兴华、祝丹红、蒋琦敏、莫皓天

鲁镇一台演艺工程

项目地点：浙江绍兴

项目类型：文化建筑

建筑面积：10750m²

设计时间：2019 年

竣工时间：2022 年

业主单位：柯桥文化旅游集团

建筑团队：胡兴华、黄会明、金涛

海南文昌平海 J-8 地块

项目地点：海南文昌

项目类型：商业建筑

建筑面积：187206m²

设计时间：2019 年

竣工时间：未实施

业主单位：海南平海建设投资有限公司

建筑团队：胡兴华、李治跃、祝丹红

覆卮山东澄山庄

项目地点：浙江上虞

项目类型：乡村建筑

建筑面积：3675m²

设计时间：2019 年

竣工时间：2023 年

业主单位：东澄山庄

建筑团队：胡兴华、唐秋芳、祝丹红、董之琦

内江长川制造生产基地

项目地点：四川内江

项目类型：工业建筑

建筑面积：225820.6m²

设计时间：2019 年

竣工时间：2022 年

业主单位：内江长川科技股份有限公司

建筑团队：胡兴华、祝丹红、莫皓天

海圣医疗总部大楼

项目地点：浙江绍兴

项目类型：科创建筑

建筑面积：68751m²

设计时间：2020 年

竣工时间：2025 年

业主单位：海圣医疗有限公司

建筑团队：胡兴华、祝丹红

杭州长川总部大楼

项目地点：浙江杭州

项目类型：科研建筑

建筑面积：128265m²

设计时间：2020 年

竣工时间：2025 年

业主单位：杭州长川科技股份有限公司

建筑团队：胡兴华、祝丹红、李治跃

柘城力量大厦与会展中心

项目地点：河南商丘

项目类型：展览建筑

建筑面积：63489m²

设计时间：2022 年

业主单位：柘城城市投资集团

建筑团队：胡兴华、唐秋芳、祝丹红、蒋琦敏、金怡婕

杭州湾医药园区产业园

项目地点：浙江上虞

项目类型：工业建筑

建筑面积：134461m²

设计时间：2022 年

业主单位：杭州湾建设投资公司

建筑团队：胡兴华、唐秋芳、祝丹红、徐良

常州建科检验检测技术服务中心

项目地点：江苏常州

项目类型：科研建筑

建筑面积：94845.35m²

设计时间：2022 年

业主单位：常州市建筑科学研究院有限公司

建筑团队：胡兴华、李治跃、潘建栋、赖敏祺、李金波

奔驰 G-Class 全球体验中心

项目地点：浙江绍兴

项目类型：商业建筑

建筑面积：1076m²

设计时间：2022 年

业主单位：奔驰公司

建筑团队：胡兴华、唐秋芳、莫皓天、吴佳丽、
　　　　　夏春珠

中亚木莲行馆

项目地点：浙江绍兴

项目类型：城市更新建筑

建筑面积：2412m²

设计时间：2023 年

业主单位：浙江中亚建设集团

建筑团队：胡兴华、祝丹红、董之琦、陈小仙

腾圣大厦

项目地点：浙江嘉兴

项目类型：办公建筑

建筑面积：55540m²

设计时间：2023 年

业主单位：嘉兴腾圣景观绿化公司

建筑团队：胡兴华、唐秋芳、潘建栋、李金波

武功山文化艺术中心
项目地点：江西安福
项目类型：文化建筑
建筑面积：16527m²
设计时间：2023 年
业主单位：武功山开发区管委会
建筑团队：胡兴华、李治跃、蒋琦敏、金怡婕

绿洲山庄改造
项目地点：浙江上虞
项目类型：酒店建筑
建筑面积：2150m²
设计时间：2023 年
业主单位：上虞绿洲山庄
建筑团队：胡兴华、唐秋芳、祝丹红、董之琦

江南博物馆
项目地点：浙江新昌
项目类型：文化建筑
建筑面积：28090m²
设计时间：2023 年
业主单位：新昌江南博物馆
建筑团队：胡兴华、祝丹红、李治跃、金怡婕

海联大厦
项目地点：浙江上虞
项目类型：办公建筑
建筑面积：51618m²
设计时间：2023 年
业主单位：浙江新海天股份有限公司
建筑团队：胡兴华、李治跃、赖敏祺、董之琦、
　　　　　莫皓天

附录 2 获奖项目

绍兴市图书发行大楼
2003 浙江省建设工程"钱江杯"奖（优秀勘察设计）二等奖
2005 全国民营工程设计企业优秀设计华彩奖铜奖

绍兴市福利中心、老年活动中心
2004 浙江省建设工程"钱江杯"奖（优秀勘察设计）二等奖
2005 全国民营工程设计企业优秀设计华彩奖铜奖

绍兴县人民法院审判办公楼
2005 浙江省建设工程"钱江杯"奖（优秀勘察设计）三等奖

绍兴市第七人民医院
2007 浙江省建设工程"钱江杯"奖（优秀勘察设计）二等奖
2008 全国民营工程设计企业优秀设计华彩奖铜奖

青川地震博物馆
2010 年度四川省工程勘察设计"四优"一等奖
2011 浙江省建设工程"钱江杯"奖（优秀勘察设计）援川抗震救灾工程特别奖
2012 全国民营工程设计企业优秀设计华彩奖金奖

咸亨新天地——鲁迅故里二期
2011 全国工程勘察设计行业优秀工程勘察设计二等奖
2011 浙江省建设工程"钱江杯"奖（优秀勘察设计）一等奖

绍兴市袍江新区 70 号地块集亚物流基地项目
2014 浙江省建设工程"钱江杯"奖（优秀勘察设计）三等奖

绍兴市城西小学
2015 全国民营工程设计企业优秀设计华彩奖铜奖

绍兴迪荡新城 I6 地块
2017 中国优秀工程勘察设计华彩杯住宅设计类三等奖

绍兴文理学院元培学院图书馆
2017 浙江省建设工程"钱江杯"奖（优秀勘察设计）二等奖

兰亭安麓度假酒店
2018 浙江省建设工程"钱江杯"奖（优秀勘察设计）一等奖
2020 美国建筑大师奖（AMP™）商业建筑类大奖

华汇科研设计中心
2018"中国好绿建"节能与室内环境品质提升最佳实践案例
2019 中国三星级绿色建筑标识
2019 全国工程勘察设计行业优秀勘察设计优秀绿色建筑二等奖
2019 浙江省勘察设计行业优秀勘察设计综合类一等奖
2020 美国建筑大师奖（AMP™）高层建筑类大奖
2023 中国三星级健康建筑标识

长兴画溪新能源城市客厅
2020 浙江省勘察设计行业优秀勘察设计综合类一等奖

浙江天马国际赛车场
2021 浙江省勘察设计行业优秀勘察设计综合类三等奖
2022 法国巴黎设计奖（Paris Design Awards）银奖
2021 美国星火（SPARK）国家设计大奖金奖
2022 美国缪斯设计奖（Muse Design Awards）建筑设计金奖

鲁镇一台演艺工程
2023 浙江省勘察设计行业优秀勘察设计综合类二等奖

西安广联达数字建筑研究中心
2023 Active House Award 中国区建筑设计三等奖
2023 WELL 铂金级认证
2023 RICS 中国奖建造项目冠军
2024 浙江省勘察设计行业优秀勘察设计综合类一等奖

东山大观度假酒店
2023 美国星火（SPARK）国家设计大奖金奖

附录 3　论文、专利

1.《Modern construction of traditional architecture and poetic life》
胡兴华、唐秋芳、卜呆丁、李治跃，第十届亚洲建筑国际交流会论文集，中国城市出版社出版，ISBN 978-7-5074-2981-7，2014 年 9 月，98-102 页。

2.《Green Building Strategy and Integrated Design—Practice of Huahui Research and Design Center》
胡兴华、祝丹红、李治跃、夏军，第十一届亚洲建筑国际交流会，2016 年 9 月。

3.《绿色建筑，共创美好生活——西安广联达数字建筑研发大厦实践》
胡兴华、李治跃、潘建栋，《中国勘察设计》，2023 年第 5 期，81 页。

4.《不垮的生命之石——解读青川地震博物馆》
徐一鸣、胡兴华、郭丽春，《时代建筑》，第 28 卷，2011 年 11 月，50-53 页。

5.《筑"绿色"之场所——华汇科研设计中心设计策略》
胡兴华、祝丹红、李治跃、夏军，《建筑设计管理》，2014 年 3 期。

6.《不垮的家园——青川地震博物馆设计》
胡兴华、徐一鸣，《四川建筑》，2011 年 3 期，46 页。

7.《营造健康、舒适、安全的老年人生活空间》
胡兴华、沈康敏，《建筑与文化》，2007 年第 9 期，76 页。

8.《山居生活的重构——东澄山庄改造设计》
胡兴华、祝丹红、唐秋芳、董之琦，《建筑技艺》，2022 年 6 月，165-167 页。

9.《绿色建筑设计与实现——华汇科研设计中心实践》
胡兴华、赖敏祺，《建筑技艺》，2020 年 12 月，7-9 页。

10.《梅花香自苦寒来——绍兴商业银行办公大楼设计创作后记》

胡兴华、沈康敏、柯海江,《建筑设计管理》,2010 年 11 期,38-42 页。

11.《脉络相承共生发展——对于古城绍兴历史街区环境保护的思考》

沈康敏、胡兴华,《建筑设计管理》,2010 年 11 期,22-25 页。

12.《一种导光遮阳通风复合被动式窗墙系统》

201408ZL201410191444.8,胡兴华、祝丹红、沈康敏、李治跃、沈光明、夏军、唐秋芳、裘丽伟,CN201410191444.8。

13.《一种结合水帘的风动幕墙系统》

202312ZL202321382731.8,胡兴华、李治跃、赖敏祺、潘建栋、唐秋芳、祝丹红,CN202321382731.8。

14.《一种能种植盆栽植物的高层建筑露台》

201612ZL201620714150.3,肖景平、胡兴华、胡铮、郭宇平、夏军、丁华光,CN201620714150.3。

15.《一种平移滑撑式外窗阳台系统》

201208ZL201120546259.8,沈康敏、祝丹红、胡兴华、沈光明、柯海江,CN201120546259.8。

附录4　图片来源与版权

华汇科研设计中心

效果图：华汇工程设计集团股份有限公司

摄影：杨敏、胡兴华

西安广联达数字建筑研究中心

效果图：华汇工程设计集团股份有限公司

摄影：刘松恺、胡兴华

新昌建设技术服务中心

效果图：华汇工程设计集团股份有限公司

摄影：刘松恺、胡兴华、董之琦、蒋琦敏

兰亭安麓度假酒店

效果图：华汇工程设计集团股份有限公司

摄影：章勇、兰亭安麓度假酒店

东山大观度假酒店

效果图：华汇工程设计集团股份有限公司

摄影：刘松恺、东山文化旅游有限公司、董之琦

覆卮山东澄山庄

平面效果图：华汇工程设计集团股份有限公司

摄影：东澄山庄

图书在版编目（CIP）数据

栖建筑：绿色环境共生实践 / 胡兴华著 . -- 北京：

中国建筑工业出版社，2025. 2. -- ISBN 978-7-112

-31206-1

Ⅰ . TU201.5

中国国家版本馆 CIP 数据核字第 2025ND0750 号

数字资源阅读方法：
本书提供作者参与设计并落成的建筑视频作为数字资源，读者可使用手机 / 平板
电脑扫描右侧二维码后免费阅读。
操作说明：
扫描右侧二维码→关注"建筑出版"公众号→点击自动回复链接→注册用户并登
录→免费阅读数字资源。
注：数字资源从本书发行之日起开始提供，提供形式为在线阅读、观看。如果扫
码后遇到问题无法阅读，请及时与我社联系。客服电话：4008-188-688（周一至
周五 9:00—17:00），Email：jzs@cabp.com.cn。

责任编辑：李成成
责任校对：王　烨

栖建筑　绿色环境共生实践
胡兴华　著
＊
中国建筑工业出版社出版、发行（北京海淀三里河路 9 号）
各地新华书店、建筑书店经销
北京海视强森文化传媒有限公司制版
北京富诚彩色印刷有限公司印刷
＊
开本：880 毫米 ×1230 毫米　1/32　印张：8³/₈　字数：236 千字
2025 年 6 月第一版　2025 年 6 月第一次印刷
定价：**118.00** 元（赠数字资源）
ISBN 978-7-112-31206-1
（43882）